超声速混合层流动与混合增强

谭建国　张冬冬　著

科学出版社
北京

内 容 简 介

本书以超声速混合层为研究对象，结合流场测量和可视化技术及数值模拟方法系统研究超声速混合层流动机理和混合增强技术，揭示流场中典型涡结构的作用机制，提出高效的混合增强方法。

本书可作为航空航天、流体力学专业研究生的教材，也可作为从事超声速流动及相关领域科技人员的参考书。

图书在版编目（CIP）数据

超声速混合层流动与混合增强／谭建国，张冬冬著．—北京：科学出版社，2020.5

ISBN 978-7-03-064802-0

Ⅰ．①超…　Ⅱ．①谭…　②张…　Ⅲ．①航天器-推进系统-研究　Ⅳ．①V43

中国版本图书馆 CIP 数据核字（2020）第 061974 号

责任编辑：潘斯斯　任　俊　李　娜／责任校对：郭瑞芝
责任印制：张　伟／封面设计：迷底书装

科学出版社 出版
北京东黄城根北街 16 号
邮政编码：100717
http://www.sciencep.com
北京中科印刷有限公司 印刷
科学出版社发行　各地新华书店经销

*

2020 年 5 月第 一 版　开本：720×1000　B5
2020 年 5 月第一次印刷　印张：12 1/2
字数：249 000
定价：98.00 元
（如有印装质量问题，我社负责调换）

前　言

　　混合层流动在工程应用和自然界中广泛存在，是一种典型的自由剪切流动。1974 年，Brown 和 Roshko 首次通过试验观测到混合层流动中规则的大尺度涡结构，研究人员在混合层研究中达成一种共识：混合层不是一种完全无序的结构，其在发展过程中具有统计特性；大尺度拟序涡结构的配对与合并主导着流动的发展。早期的研究集中在低速混合层领域，并取得了大量的研究成果。近年来，随着高超声速飞行器技术的兴起和蓬勃发展，超声速混合层受到了广泛的关注和持续不断的研究。超声速状态下混合层重要的流动特征之一是可压缩效应的影响显著、混合层增长缓慢。因此，对于超声速混合层增长特性的研究不能完全借鉴和采用低速混合层的研究方式，即不能仅考虑来流速度比和密度比的影响。

　　在高超声速飞行器的动力装置——组合循环发动机推进系统中，要想实现超声速燃烧模态及引射模态下燃料的高效燃烧以获得净推力，燃料和空气的高效掺混起着关键作用。过去的研究表明：当不考虑化学反应放热的抑制效应，仅考虑流动压缩性带来的影响时，超声速混合层的混合效率仅为同等条件下不可压混合层的 1/5。因此，由超声速状态下"空气-燃料"掺混提炼出的超声速混合层流动与混合增强的基础湍流问题的研究尤为重要。在混合增强机理方面，学者普遍达成的共识是各种混合增强技术主要通过两种方式来促进混合：①通过生成大尺度涡结构增加不同流体间的接触面积；②通过激发射流不稳定促进不同流体间的输运。在混合增强技术的工程应用方面，学者也取得了丰硕的成果，提出了一些优化后普适性较高的结构模型，在实际发动机燃烧室中得到了成功的应用。

　　著者从事超声速混合层流动机理与混合增强技术研究多年，在超声速混合层流场结构可视化分析、混合层增长特性、流动转捩机理和预测，以及混合增强技术的优化和应用方面开展了大量工作并取得了若干成果，发表了 20 余篇与本书研究内容有关的论文。2018 年下半年，著者经过讨论达成共识，觉得有必要总结一本专著，系统介绍超声速混合层的流动过程与混合增强技术。本书 2019 年初完成初稿，之后几易其稿，并不断添加相关领域的最新研究成果，希望能做到反映前沿、与时俱进。

　　本书以超声速混合层为研究对象，综合采用流场测量和可视化技术及数值模拟方法研究超声速混合层的流动过程与混合增强技术。第 1 章从低速混合层流动出发，介绍著者在超声速混合层领域开展的一系列工作，旨在让读者对超声速混合层这一流动模型有深入的理解。第 2 章给出试验研究采用的装置和方法,并系统介绍直接数值模拟计算方法。第 3 章主要介绍超声速混合层的流动过程研究,该章结合试验和计算的工作,给出超声速混合层流动的发展过程和特征。第 4 章对机器学习在超声速混合层流动分析中的应用进行初探。第 5、6 章介绍超声速混合层混合增强技术和机理的研究工作,这两章分析各种混合增强技术的效果并进行构型的优化,对读者在今后开展相关的工作具有较高的借鉴意义。

在本书撰写过程中,研究生吕良、姚霄、王浩、侯聚微、胡悦、高政旺等做了大量的资料收集、整理工作,研究生李浩、刘瑶等协助做了部分修改、校对工作,在此对他们表示感谢。

由于超声速混合层流动过程复杂且流动预测和控制困难,加上作者水平有限,书中难免出现不妥和疏漏之处,敬请读者批评指正。

著　者

2019 年 8 月

目　　录

第 1 章　超声速混合层概述

　　超声速混合层是指两股来流(至少一股为超声速流动)在中间隔板后相遇形成的流动。由于不受壁面干扰，超声速混合层一直是湍流研究中的重要流动模型，对其开展相关研究有助于加深对可压缩剪切湍流的理解。超声速混合层流动存在拐点，其诱导的 Kelvin-Helmholtz(K-H)不稳定，促成了流场中典型大尺度涡——K-H 涡的卷起。宽尺度范围内的混合过程是超声速混合层的重要流动特征。超声速混合层在超声速飞机、高能激光器等领域具有重要的工程应用价值，特别是随着高超声速推进技术的兴起和发展，为满足极短时间内的高效混合与燃烧，迫切需要开展超声速混合层流动过程与混合增强技术的研究。

　　本章在回顾混合层研究历程的基础上，综述混合层的流场结构特性、增长率特性及常见的分析评估方法。针对超声速混合层，从流场可视化、增长率规律及可压缩效应影响等方面分析其特殊性。

1.1　混合层研究历程

　　早在 1883 年，英国著名物理学家 Reynolds 通过开展不同速度水流的圆管试验，向人们演示了流体由规则流动转换为紊乱运动的全过程。这是最早发现湍流流动的试验，当时引起了科学家的广泛兴趣。过去的 100 多年里，人们对于湍流这一经典世纪难题的研究方兴未艾。通过对湍流的研究，研究人员在认识湍流的生长机理和运动规律方面取得了一系列成果。在湍流模式理论方向，早期 Prandtl 等的研究提出了混合长度模式并建立了边界层理论，之后 Karman 提出了相似性应力模式；在湍流统计理论方向，Kolmogolov 基于 Taylor 的研究提出了局部均匀各向同性湍流理论。国内关于湍流的研究则由郭永怀和周培源先生领衔，取得了包括剪切湍流应力模式理论等在内的多项研究成果。然而对于湍流流动本质，人们的研究尚未达成共识。湍流的高度非线性和非定常性使得湍流研究非常复杂，具体体现在尺度的复杂性、转捩的复杂性、测量的复杂性、描述的复杂性、状态的复杂性、计算的复杂性及各种研究结果解释的复杂性。弄清这些问题仍然需要研究人员在今后的研究中取得突破性的进展。任何基础学科的研究无不与当时的自然和工程技术的发展紧密相关。湍流流动现象广泛地存在于自然界和工程应用的各个方面。2018 年，我国实施了"湍流结构的生成演化与作用机理"重大研究计划，以期在湍流结构生成、演化和相互作用机理方面取得新的突破，同时基于湍流研究的时空演化特性，发展时空精准的湍流模式理论和模型，最终在面向重大工程应用中的瓶颈技术和难题时，开展湍流模式理论和模型的综合验证，从而实现湍流阻力、混合、热流率及湍流噪声的精准预测和控制。

可压缩湍流的研究历史则经历了多次起伏，其中各个国家对其重视程度起到重要作用。从第二次世界大战到 20 世纪 60 年代中期，人们对实现高超声速再入和飞行的迫切愿望使得可压缩湍流的研究得到了广泛关注，其研究进入了第一个高潮期。最近 30 年，受到国际上各个国家一系列重点研究计划开展的驱动，可压缩湍流的研究进入一个新的发展阶段。特别是超燃冲压发动机概念的提出和组合循环发动机推进技术的发展，迫使可压缩混合层流动的混合和控制得到了持续不断的研究。

历史上多次飞行试验表明，当飞行速度大于 3 马赫时，传统的涡轮喷气循环无法实现再增压且推进效率低下。冲压发动机是吸气式推进系统的首要选择。此时，发动机燃烧室的入口气流为亚声速状态，发动机的循环更加高效。当速度进一步增大到 6 马赫时，亚声速燃烧诱导的激波致使压力损失急剧增大，能量的损失及当地高静温带来的离解反应使得亚燃冲压技术不再适用于高超声速推进系统。超燃冲压发动机在 6 马赫以上的飞行中具有其他工作循环无法比拟的优势，成为高超声速推进系统研究的热点方向。

对于超燃冲压发动机及组合循环发动机技术，实现在超燃模态及引射模态下的高效燃烧从而获得净推力，实现燃料和空气的高效掺混具有重要的意义。由于高超声速飞行器尺寸的限制，合理的发动机燃烧室的长度不过几米，流体的驻留时间是毫秒量级。超声速状态下"空气-燃料"掺混现象提炼出的可压缩混合层这一基础湍流问题的研究则显得尤为重要。因此，可压缩混合层流场结构的发展演化特性、混合层增长率的变化趋势以及与之相关的流动控制和混合增强技术等基础工作的开展具有重要的工程应用价值。此外，在气动光学领域，包括高速导弹成像制导系统、高功率激光器和机载激光系统等方面，混合层的气动光学效应能够体现出一般气动光学效应的本质特性，而大部分关于气动光学效应机理的研究均是将混合层作为基本的研究对象。

作为典型的可压缩剪切流动，由于不受壁面干扰，超声速混合层一直是研究人员研究湍流采用的重要流动模型。宽尺度范围内的混合过程是超声速混合层的重要流动特征。同时，流动的非线性动力学行为使得超声速混合层流场结构空间和时间演化特征十分复杂，然而弄清这些复杂问题有助于加深对可压缩剪切湍流的理解，因此开展超声速混合层的研究具有重要的科学意义。

1.2 混合层增长特性

早在 50 多年前,研究人员已经发现:在低速混合层流动中,大尺度拟序涡结构对于流动的质量、动量及能量的输运和传递起主导作用,这些拟序涡结构的动力学行为和特性控制着流动的混合。混合层存在拐点,其诱导的 K-H 不稳定造成了拟序涡结构的卷起和发展。图 1-1 为早期研究人员采用电火花阴影技术获得的低速混合层展向和流向流动结构。

图 1-1 低速混合层展向和流向流动结构(采用电火花阴影技术)

对于混合层流动,混合层厚度或者混合层增长率的变化是研究人员普遍比较关心的问题,尤其在考虑到工程应用价值时。实际上从流动本身出发,并没有一种方法能够精确测量混合层的厚度。因此,研究人员提出了许多易于理解和接受的测量指标来表征混合层厚度。混合层增长率就可以表征为这些测量指标的变化。

首先从流场可视化结果出发,可以很容易地给出流场可视化厚度的概念。研究人员通过提取混合层大尺度涡结构的上下边界来估计混合层的可视化厚度 δ_{vis},其值可定义为在某一流向位置处上下边界之间的距离,这种定义方式得到了研究人员的普遍认可和采用,尤其在低速混合层的研究中。值得注意的是,在可压缩混合层特别是超声速混合层研究中,流场结构三维效应显著,规则的涡结构难以通过试验得到,因此采用可视化厚度变得尤为困难。

基于混合层速度场定义的速度厚度这一更为客观的指标也得到了研究人员的广泛使用。考虑到高速层和低速层的速度分别为 U_1 和 U_2,速度差 $\Delta U = U_1 - U_2$,

则速度厚度可定义为 $\delta_b = y_{U0.9} - y_{U0.1}$，其中，$y_{U0.9}$ 和 $y_{U0.1}$ 为对应速度处横向的位置，这里 $U_{0.9} = U_1 - 0.1\Delta U$，$U_{0.1} = U_2 + 0.1\Delta U$。另外两种经常使用的指标是涡量厚度和动量厚度。混合层的涡量厚度可以定义为 $\delta_\omega = \Delta U / |du/dy|_{\max}$，动量厚度可以定义为 $\delta_\theta = \dfrac{1}{\rho_1 \Delta U^2} \displaystyle\int_{-\infty}^{+\infty} \rho (U_1 - U_y)(U_y - U_2) dy$。

前人的研究表明，速度厚度、涡量厚度及动量厚度之间存在如下关系式：$\dfrac{\delta_b}{1.812} = \dfrac{\delta_\omega}{\sqrt{\pi}} = \dfrac{\delta_\theta}{0.4}$。在评估混合层厚度的过程中，研究人员总结了这些指标的一些优缺点。同时，注意到速度厚度与速度的边界有紧密联系，而混合层边缘处速度剖面的变化不明显，因此采用速度厚度评估时会带来一些误差。相比较而言，涡量厚度采用速度剖面线性变化部分的曲线拟合来计算，而动量厚度采用所有速度剖面的积分形式来计算。对于后两种指标，大量的试验研究结果表明，在大范围的流动状态变化下，涡量厚度具有更好的适应性。

对于只有一股来流的混合层($U_2 = 0$)，流场结构的增长率为 $10 \leqslant \lambda \leqslant 12$。前人提出名义上的增长率系数 $\lambda_0 = 11$。对于常规两股来流的混合层流动，增长率系数是速度比($r = U_2/U_1$)的函数，同时增长率系数和速度比之间的关系可以表达为

$$\lambda = \frac{1-r}{1+r} \tag{1-1}$$

然而这一公式并没有考虑密度比变化这一因素。后来研究人员在考虑密度比的变化($s = \rho_2/\rho_1$)后，提出了如下增长率变化的公式。

$$\lambda = \frac{(1-r)(1+\sqrt{s})}{2(1+r\sqrt{s})} \tag{1-2}$$

考虑到时间发展混合层两侧流体的非对称卷吸作用，基于式(1-2)，Dimotakis[1]提出如下改进后的公式。

$$\lambda = \frac{(1-r)(1+\sqrt{s})}{2(1+r\sqrt{s})} \left[1 - \frac{\dfrac{1-\sqrt{s}}{1+\sqrt{s}}}{1 + 2.9\left(\dfrac{1+r}{1-r}\right)} \right] \tag{1-3}$$

对比式(1-2)和式(1-3)可以发现，Dimotakis 对于式(1-2)的改动并不大，这种改动对于增长率变化的影响只有在上下来流密度比 s 达到 5(或以上)时才会体现出来。

1.3　混合层常见分析方法

得益于数值计算格式及高性能计算技术的发展，人们在计算流体力学方面取

得了巨大的进展；同时得益于风洞技术和流动可视化技术的进步，在超声速流动可视化和试验结果定量化分析方面研究人员也取得了巨大成果。然而，由于缺乏对湍流这一世纪难题基本物理机制的深入理解，人们在研究超声速混合层时更多的是将流体力学的知识和湍流统计理论及非线性动力学理论相结合，以期增进对湍流流动本质的理解。目前，研究人员普遍接受和采用的常见理论有湍流空间关联特性分析、湍流间歇/分形特性分析及在空间关联基础上进行的谱分析理论。

1.3.1　空间关联特性

设湍流流动中空间两个点的坐标分别为(x, y, z)和$(x+\Delta x, y+\Delta y, z)$，则空间两点脉动量的关联函数$C_{ss}$可以表示为

$$C_{ss}(x_0 + \Delta x, y_0 + \Delta y, z_0) = \frac{\overline{s'(x_0, y_0, z_0) \cdot s'(x_0 + \Delta x, y_0 + \Delta y, z_0)}}{\sqrt{\overline{s'(x_0, y_0, z_0)^2}} \cdot \sqrt{\overline{s'(x_0 + \Delta x, y_0 + \Delta y, z_0)^2}}} \tag{1-4}$$

式中，(x_0, y_0, z_0)是计算参考点的位置；s'是瞬态脉动量，也可以是脉动速度、脉动压力等。近年来，基于高分辨率的流场可视化结构，研究人员分析了基于图像灰度值分布的流场两点相关性分布，获得了一些有效的结论。

在空间两点相关性分析结果中，相关性系数的分布具有椭圆特性。研究人员通常采用某一系数的等值线进行椭圆的最小二乘法拟合来得到流场结构的大小和倾角分布。通过对等值线为 0.5 的相关性结果进行椭圆的最小二乘法拟合，前人得到的结果较好地表征了湍流结构的大小和倾角分布，其结果如图 1-2 所示。

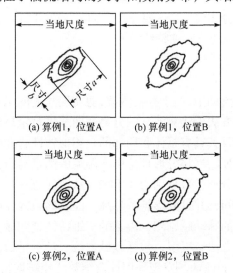

图 1-2　混合层流场的空间两点相关性分布

1.3.2　湍流间歇特性

超声速混合层的发展过程经历剪切、转捩及完全湍流三个阶段。在转捩和完全湍流阶段，结构的形状不规则且流场脉动特性变化剧烈，混合层和主流之间的边界随时间和空间不断变化。其具体表现在：空间上，湍流与主流交替分布；时间上，湍流以阵发的方式出现。前人的研究指出，当采用欧拉观点来观测湍流流动中固定的空间区域时，在某一时刻该区域内的流动可能是湍流流动，在另一时刻该区域内的流动可能是主流流动，如图 1-3 所示，也就是说，湍流的边界会有间歇特征。研究人员采用间歇因子 κ 来描述流动的间歇特征，当 $\kappa=1$ 时，该区域流动处于湍流流动；当 $\kappa=0$ 时，该区域流动处于主流流动。

图 1-3　超声速湍流边界层结构

需要注意的是，间歇因子是湍流流动的一个统计特征，因此需要对多幅瞬态流动结果进行统计分析才能得到间歇因子的分布，其表达式如下。

$$\kappa = \frac{T_{\text{tur}}}{T_{\text{total}}} \tag{1-5}$$

式中，T_{tur} 是出现湍流的时间；T_{total} 是流动总的时间。

此外，也有研究人员用陡峭度 K 来衡量湍流的间歇特性。以正态概率密度函数的陡峭度 $K_{\text{normal}}=3$ 为标准，由此有

$$\kappa = \frac{K_{\text{normal}}}{K} = \frac{3}{K} \tag{1-6}$$

当流动呈现正态分布时，$K=3$ 且 $\kappa=1$，即流动处于湍流区无间歇特性；对于其他情形，$\kappa<1$ 表示流动有间歇特性。

1.3.3　湍流分形理论

在超声速混合层流动中，由于存在激波，剪切层和流向涡等复杂的流场结构，采用传统的几何度量方法无法对流动的分界面曲线进行定量化分析。超声速混合层不具有特征长度，且其具有整体和局部的自相似特性，非常适合采用分形维数来描述其分界面的特征。当将分形理论引入湍流的测量与研究中时，可以定义一条直线、一个平面的分形维数分别为 1 和 2，从而任意一个二维复杂曲线的分形维数都介于 1 和 2 之间，并且分形维数越高，曲线的破碎性越强，对应于混合层中则是小尺度涡结构的脉动越剧烈，流场的三维特性越明显。

分形维数的计算方法有很多，包括频域方法、计盒维数法和香肠法等。对于湍流分形的研究，Sreenivasan[2]发现采用计盒维数法能够取得更好的效果。计盒维数法采用式(1-7)计算。

$$\mathrm{Dim}(F) = -\lim_{d \to 0} \frac{\lg N_d(F)}{\lg d} \tag{1-7}$$

其基本原理是：构造边长为 d 的正方形盒子来覆盖所要研究的平面集，计算 d 取不同值时盒子与平面集的相交个数 $N_d(F)$，而计盒维数就是 d 趋向于 0 时 $N_d(F)$ 增加的速度。

1.3.4　谱分析理论

超声速混合层流场是由不同尺度的涡结构组成的，涡结构的尺度在很宽的范围内变化。按照涡尺度和能量的关系，可以将整个尺度分为三段：含能区、惯性副区及耗散区，如图 1-4 所示。

湍流动能在不同尺度涡中的分布情况是研究人员非常关注的信息，而这种信息的提取往往需要通过谱分析来获得。常见的谱分析采用的方法就是傅里叶变换。实际上在湍流流动的有关问题中，傅里叶变换所要求的数学条件总是可以满足的。关于傅里叶变换的相关知识在本书中不再展开，可以参考相关文献。以流场中脉动信息的自关联为基础进行的傅里叶变换得到的是频率谱的分布，而以流场的空间关联为基础进行的傅里叶变换得到的是流场波数谱的分布。实际上关于湍流流动的许多理论工作都与波数谱的形状和湍流能量的传递(低波数向高波数)有关。在耗散区，湍流能量最终在小尺度涡范围内耗散为内能。由量纲分析可知，流场中耗散涡的典型尺度(Kolmogorov 尺度)为 $\eta = \left(\nu^3/\varepsilon\right)^{1/4}$。

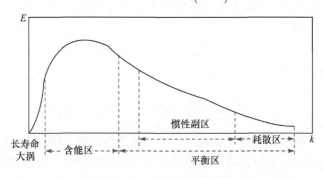

图 1-4　Kolmogorov 理论得出的能谱曲线与能量分布

1.4　超声速混合层的特殊性

研究表明：超声速和低速混合层具有一些共性。例如，混合层的增长率都随流向距离线性增长(在流动远场处，入口初始条件的影响可以忽略)，都会有大尺度涡结构的生成。因此，对于混合层的研究采用从低速过渡到高速的模式，并在研究超声速混合层时借鉴低速混合层的一些研究成果是可行的。然而，超声速条件下混合层的发展演化仍然表现出一些独有的特性。例如，早期研究人员在进行低速和超声速混合层的对比研究时发现，超声速混合层的增长行为不能仅通过简单的密度比和速度比的变化来描述。

当仅用密度比变化衡量超声速混合层的增长行为时，在高密度比条件下，超声速混合层的增长率受到了显著的抑制。这种抑制较基于密度比衡量的增长率变化的情况更为严重。很显然，可压缩效应的影响使得流场的发展演化特性发生了剧烈变化。实际上超声速条件下混合层的运动特性及流场脉动特性与可压缩性紧密相关。

1.4.1 超声速混合层度量参数

1. 对流马赫数

为了衡量超声速混合层中可压缩效应对流场结构的影响，研究人员提出对流马赫数的概念，并对这一概念进行了明确。混合层是上下两股不同速度来流的剪切流动，因此在考虑用马赫数刻画可压缩效应时，必须从相对运动的角度出发，即考虑流场中大尺度涡结构的对流速度和主流速度之间的速度差。假设流动以对流速度 U_c 向下游运动，则上下来流的对流马赫数可以分别表示为

$$Mc_1 = \frac{U_1 - U_c}{a_1}, \quad Mc_2 = \frac{U_c - U_2}{a_2} \tag{1-8}$$

式中，a 是当地声速，下标 1 和 2 分别是上下两股来流。

需要特别指出的是，假定在流场中两个涡结构之间存在一个驻点，如果流动沿着流线从外部的主流流动到达驻点是一个等熵过程，那么在驻点处必然会达到压力连续的条件。由此可以得出

$$\left[1 + \frac{\kappa_1 - 1}{2}(Mc_1)^2\right]^{\frac{\kappa_1}{\kappa_1 - 1}} = \left[1 + \frac{\kappa_2 - 1}{2}(Mc_2)^2\right]^{\frac{\kappa_2}{\kappa_2 - 1}} \tag{1-9}$$

一般认为，当流动沿流线发展时，主流流道涡结构之间的驻点时间和大涡结构的运动时间相比是小量，再加上流动沿流线的发展是一个等熵过程，则黏性耗散成为熵的唯一来源。如果流体运动时间很短(如超声速流动)，则黏性耗散也是小量。考虑湍流时间尺度为 k/ε 或者 $\Lambda/\sqrt{k}$，而运动时间的尺度为 $\delta/\Delta U$，其中，δ 和 Λ 为流动的特征长度，并且这两个量处于同一个量级。因此，对于等熵假设，需要满足

$$\frac{\sqrt{k}}{\Delta U}\frac{\delta}{\Lambda} \ll 1 \tag{1-10}$$

在超声速混合层流动中，$\sqrt{k}/\Delta U$ 的值小于 0.1，因此提出的等熵假设是合理

的。实际上在超声速混合层流动中，上下两股来流的密度往往不相同，且 $\kappa_1 \neq \kappa_2$。这时显然 $Mc_1 \neq Mc_2$，流动的非对称发展行为导致两侧的可压缩效应不同。当然如果考虑理想来流气体的情况，即 $\kappa_1 = \kappa_2$，则两侧的发展过程是等熵的，由此可以得出对流马赫数 Mc 的最终表达式为

$$U_c = \frac{U_1 a_2 + U_2 a_1}{a_1 + a_2}, \quad Mc_1 = Mc_2 = Mc = \frac{U_1 - U_2}{a_1 + a_2} \tag{1-11}$$

需要指出的是，式(1-11)是在二维流动中推导出的。在推导对流马赫数的公式时，仅用到了流动中涡结构之间的一个驻点，采用驻点的速度而不是大涡结构本身的速度来描述，因此其对于三维流场的刻画也是有效的。

自 1988 年对流马赫数的概念提出以来，其在刻画问题时的普适性得到了研究人员的广泛采用。

2. 相对马赫数

相对马赫数由 Goebel 等[3]提出。Goebel 等在研究不同压缩性下超声速混合层的流动特性时，发现对流马赫数并不能很好地表征强压缩性下流动的某些特性。其研究指出，由于对流马赫数是基于大涡结构之间的驻点压力定义的，然而这些涡结构在强可压混合层中并不是一个主要特征。Goebel 等[3]认为，相对马赫数的概念是一个更加合适的指标，相对马赫数可以表示为

$$Mr = \frac{U_1 - U_2}{(a_1 + a_2)/2} \tag{1-12}$$

当考虑理想气体来流，即 $\kappa_1 = \kappa_2$ 时，相对马赫数是对流马赫数的 2 倍。

3. Slessor 马赫数

研究人员发现，如果两股来流的温度差别很大，对流马赫数趋向于受高温侧的来流控制，而不是由高速侧的来流控制。基于这样的研究，研究人员提出一个新的可压缩性标度参数 Π_c，这里称为 Slessor 马赫数。Slessor 马赫数采用如下定义。

$$\Pi_c = \max \frac{\sqrt{\kappa_i - 1}}{a_i}(U_1 - U_2) \tag{1-13}$$

当上下两股来流密度相同且考虑理想气体情况时，Slessor 马赫数与对流马赫数的关系可以表示为

$$\Pi_c(a_1 = a_2; \kappa_i = \kappa) = 2\sqrt{\gamma - 1}Mc \tag{1-14}$$

当两股来流密度差很大时，Slessor 马赫数可能达到对流马赫数的 3~4 倍。

4. 一般马赫数

Dimotakis[4]指出，尽管对流马赫数具有较为广泛的适用性，但是在所有对流

马赫数范围内,同一压缩性条件下混合层的归一化增长率仍然存在较大的离散度,部分数据的离散度甚至会达到50%。为了修正对流马赫数的不足,本书基于获得的直接数值模拟计算结果,提出新的衡量流场压缩性的无量纲参数,这里称为一般马赫数(Mn)。首先通过建立模型推导一般马赫数的表达式,然后借助研究人员获得的数据来证明一般马赫数的有效性和普适性。

对于湍流混合层,雷诺数对增长率的影响是微弱的。因此,混合层的增长率可以表示为

$$\delta = f\left(Ru, R\rho, R\gamma, Ma_1, Ma_2\right) \tag{1-15}$$

式中,Ma_1 和 Ma_2 存在如下关系。

$$Ma_2 = Ma_1\left(\frac{Ru \cdot R\rho}{R\gamma}\right)^{\frac{1}{2}} \tag{1-16}$$

对于理想气体,$\kappa_1 = \kappa_2$。

显然式(1-16)表明,即使考虑理想来流,混合层的增长率及流动压缩性也不能通过速度比、密度比及马赫数中的某一个变量单独来衡量,再加上这三个量本身并不是表征流动压缩性的参数,因此合理地对其进行组合才能推导出合适的表征参数。

实际上,尽管有一些局限性,Papamoschou 等[5]研究获得的参考马赫数 M^+ 及对流马赫数 Mc 仍然得到了研究人员的广泛采用。因此,本书的研究思路是在这两位研究人员的基础上构建的,以期获得更普适的无量纲量。

Bogdanoff[6]认为,对于两股物性参数相差不是很明显的来流有如下关系。

$$\rho_1\left(u_1 - u_c\right)^2 = \rho_2\left(u_c - u_2\right)^2 \tag{1-17}$$

采用式(1-17)可以获得流场中大尺度涡相对于主流的运动速度,即对流速度 u_c。

$$\frac{u_1 - u_c}{a_1} = Ma_1\frac{1 - Ru}{1 + R\rho^{-1/2}}, \quad \frac{u_c - u_2}{a_2} = Ma_1\frac{1 - Ru}{R\gamma^{1/2}\left(1 + R\rho^{-1/2}\right)} \tag{1-18}$$

采用算术平均可以得到参考马赫数 M^+ 的表达式:

$$M^+ = \frac{Ma_1\left(1 - Ru\right)}{R\gamma^{1/2}\left(1 + R\rho^{-1/2}\right)} \tag{1-19}$$

此外,Papamoschou 等[5]依据 Bogdanoff 的研究,提出对流马赫数,其表达式如下。

$$Mc = \frac{u_1 - u_2}{a_1 + a_2} \tag{1-20}$$

实际上,对比式(1-19)和式(1-20),再结合本章的研究,可以发现参考马赫数和对流马赫数在衡量压缩性方面各有其局限性。参考马赫数考虑了上下来流速度

比的变化对流场的影响，但是速度差的因素未被考虑，显然即使两股来流的速度
比很大也并不预示着速度差也大；对流马赫数考虑了上下来流的速度差，但是速
度比的因素未被考虑。综合两人的研究，本书认为对于流场压缩性的衡量，一个
较为折中的关系式是

$$Mn = f\left(Ru, \Delta u, R\rho\right) \tag{1-21}$$

结合 Papamoschou 等[5]和 Bogdanoff 的研究结果，式(1-21)又可以表示为

$$Mn = f\left(Ru, \Delta u, a_1 + a_2\right) \tag{1-22}$$

密度比的变化主要体现在当地声速的变化。进一步考虑速度比的影响，借助
相似定理和量纲分析，得出一般马赫数具有的形式为

$$Mn = \left(\frac{u_2}{u_1}\right)^{\frac{1}{4}} \cdot \frac{u_1 - u_2}{a_1 + a_2} \tag{1-23}$$

实际上对流马赫数和速度比是影响混合层增长特性的主要因素，因此在一般
马赫数中，在对流马赫数的基础上考虑了速度比的因素。

为了完成一般马赫数的适用性验证，通过广泛地调研文献，获得了不同研究
人员进行可压缩混合层流动研究时的相关来流数据。在进行总结分析后，本书给
出归一化增长率随一般马赫数 Mn 的变化，如图 1-5 所示。

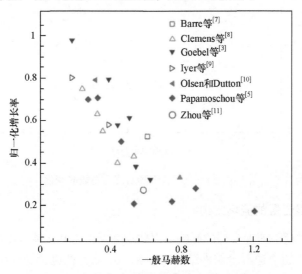

图 1-5　归一化增长率随一般马赫数的变化

图 1-5 表明，考虑速度比变化的一般马赫数能够更好地衡量流场压缩性对归一
化增长率的影响。图 1-6 给出归一化增长率随对流马赫数的变化。在图 1-6 中，数
据的离散特征主要集中在 $Mc<1.0$ 的压缩性条件下。通过调查研究人员的研究发现，

在这一压缩性区域内，同一对流马赫数条件下不同研究人员采用的流动模型中，上下两侧来流的速度比有较大的差异，而这正是造成数据离散分布的最主要原因。

图 1-5 中，在考虑了速度比的因素后，数据的离散度有了明显的改善，同一个一般马赫数条件下混合层归一化增长率的差别较小。在 $Mn<0.8$ 时，混合层归一化增长率随一般马赫数的增长近似呈线性下降的趋势。参考对流马赫数对压缩性的衡量，认为在 $Mn<0.8$ 时，流动呈现弱/中等可压缩状态，一般马赫数的变化对流场增长率的影响较大；在 $Mn>0.8$ 时，一般马赫数的变化对混合层增长率的影响较小，归一化增长率约为同等条件下不可压流动的 1/5。

这一对比研究表明，本书提出的一般马赫数具有较强的适用性，可以作为衡量流场可压缩性的重要无量纲量。

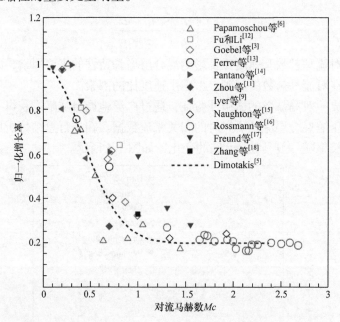

图 1-6　归一化增长率随对流马赫数的变化

1.4.2　超声速混合层的流场结构

可压缩性对超声速混合层的影响不仅体现在增长率和湍流强度的变化上，在流场可视化方面，超声速混合层涡结构的演化和运动特性也会受到压缩性的影响。Clemens 等[8]采用纹影和平面激光米氏散射技术获得了 $Mc=0.28$、0.62、0.79 三种压缩性条件下的流场结构。在弱可压混合层中，他们观察到这些由 K-H 不稳定性诱导的涡结构在展向的演化方式类似于低速不可压混合层中大尺度涡结构的演化方式。而在 $Mc=0.62$ 和 0.79 时，流场更多地呈现出三维流动特性，弱可压混合层中出现的配对合并等涡结构演化特性逐渐消失。Chambres 等[19]的可视化结果则能更好地展示不同压缩性下流场结构的区别。当 Mc=0.525 时，二维大尺度拟序涡结构呈现出近似线性增长的趋势；当 Mc=0.64 时，混合层的上层边界变得扁平且无序，混合层的增长率显著减小；当 Mc=1.0 时，混合层呈现出完全的三维特性，混合区域趋向于各向同性湍流，弱压缩混合层中的典型大尺度涡结构彻底消失。

此外，得益于流场可视化和测量技术的发展，研究人员在流场精细结构测量方面也取得了重要的进展[20]。其中，粒子图像测速(particle image velocimetry, PIV)技术在超声速流场中得到了广泛的应用。早期研究人员采用 PIV 技术研究了 Mc=0.3 弱可压条件下流场的涡结构演化特性。在弱可压条件下，基于速度场分析提取的涡结构发展过程可分为 3 个阶段。第一阶段，规则分布的二维涡结构的广泛存在；第二阶段，流场的发展使得二维涡结构的尺寸显著减小；第三阶段，在流场的远场处流动二次不稳定性使得涡结构不再清晰可辨。Olsen 等[10]提出的弱可压条件下涡结构的演化特性被后来很多研究人员接受和证实。相比较之下，强可压混合层结构不像弱可压混合层结构那样易于观察和控制，其三维特性显著，结构演化特性多样。Urban 等[21]系统研究了不同压缩性条件下(Mc=0.25、0.63、0.76)涡结构的演化特性，发现在高压缩混合层中，流动倾向于在横向不同位置处形成流向涡带结构。这种流向涡带结构在横向的分布是随机的，无规律可循，同时相互之间的相关性很低。他们通过理论分析指出，这种流向涡带结构是高压缩混合层中湍流强度降低的重要原因。

近年来，国防科技大学易仕和等开发和研制的基于纳米粒子的平面激光散射(nano-particle based plannar laser scattering, NPLS)技术在超声速混合层领域得到了成功应用。NPLS 技术获得了一系列高分辨率、低噪声的流场精细图像，基于图像获得的丰富流场信息使得研究人员对于混合层流动的特性有了新的认识[22,23]。图 1-7 为采用 NPLS 技术获得的不同对流马赫数下混合层流场可视化结果。这种

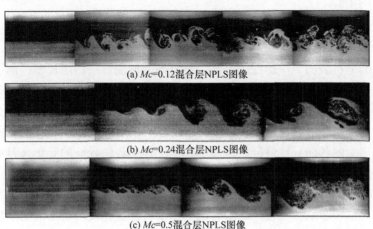

(a) Mc=0.12混合层NPLS图像

(b) Mc=0.24混合层NPLS图像

(c) Mc=0.5混合层NPLS图像

图 1-7　不同对流马赫数下混合层 NPLS 流场可视化结果

高时空分辨率流场结构的获得具有重要意义，因为很多流动的分析和研究都是以瞬态流场结构数据的获得为前提的。

1.4.3　可压缩效应对增长率的影响

对于超声速混合层，其增长率与同等速度比和密度比下的低速混合层相比会显著降低，早期研究人员认为两股来流的密度差异造成了这种变化。1974 年 Brown 等[24]通过试验研究发现，不能简单地将高速条件下混合层增长率的减小归因于密度差异的变化。后来大量的研究结果表明，超声速条件下的压缩性是一个重要的影响因素。

由 1.4.2 节分析得到，对流马赫数这一无量纲参数在过去关于超声速混合层的研究中得到了广泛的应用。因此，过去研究人员在衡量可压缩性对混合层增长率的影响时，也是基于对流马赫数来开展研究的。考虑压缩性、两侧来流速度比和密度比的影响，研究人员提出一个增长率的相关形式。

$$\delta_c = \frac{\mathrm{d}\delta}{\mathrm{d}x} = C_\delta f_1(Mc)\left(\frac{1-r}{1+r\sqrt{s}}\right)\left(\frac{1+\sqrt{s}}{2}\right)\left\{1-\left[\frac{\left(1-\sqrt{s}\right)/\left(1+\sqrt{s}\right)}{1+1.29(1+r)/(1-r)}\right]\right\} \tag{1-24}$$

式中，C_δ 的经验取值为 $0.25\sim0.45$；$f_1(Mc)$ 是需要通过试验来确定的一个经验函数。Dimotakis[4]提出的 $f_1(Mc)$ 半经验公式为

$$f_1(Mc) = 0.2 + 0.8e^{-3Mc^2} \tag{1-25}$$

回到图 1-6 可以发现，一个显著的特征是当 $Mc<1.0$ 时，随着对流马赫数的提高，可压缩性的增长显著抑制了流动的混合，混合层的增长率显著降低；而当 $Mc>1.0$ 时，归一化增长率达到平稳状态，即约为同等密度比和速度比条件下不可压混合层的 1/5。

1.4.4　可压缩效应对湍流强度的影响

前面的分析表明，压缩性的提高会显著地降低混合层的增长率，高压缩性带来的低混合效率是超声速混合和燃烧中亟须解决的问题。此外，超声速条件下湍流脉动特性及湍流强度分布与混合和燃烧是否充分有很大关系。由此有必要研究压缩性的提高对于混合层的湍流强度，尤其是湍流剪切应力及湍动能的影响如何，雷诺剪切应力的各向异性特征，以及不同压缩性下各向异性的变化又是如何影响流场涡结构的运动演化和输运特性。

雷诺剪切应力的变化特性对于流动的演化过程有非常重要的影响。在超声速混合层中，这种影响体现在其对混合层的增长特性变化及两层来流的动量交换过程。早期的试验研究表明，雷诺剪切应力随着对流马赫数的提高受到显著的抑制。

在强可压($Mc>0.8$)条件下,雷诺剪切应力只有弱可压($Mc<0.4$)条件下的 40%。但当 Mc 达到 0.6 以上时,雷诺剪切应力的变化显著减小。对于雷诺正应力的研究,人们也开展了大量的工作,雷诺正应力分量之间的比值(或者说各向异性)是研究人员比较关注的。尽管随着对流马赫数的提高,人们普遍达成的一个共识是雷诺正应力的变化趋势是变小的,然而研究人员对于各个正应力分量变小的程度仍然存有一些争议,这就导致研究人员在流动的各向异性分析上还没达成共识。

Goebel 等[3]与 Eliott 等[25]的研究均表明,横向雷诺正应力分量和雷诺剪切应力一样随着对流马赫数的增大而显著减小。而在流向雷诺正应力的变化趋势上,Goebel 等[3]认为可压缩性的增强对其影响较小,Samimy 等[26]则认为流向雷诺正应力会随着可压缩性的增强而减小。当然,这两个是典型的超声速混合层试验研究的结果。此外,在湍流各向异性分布特性的研究中,一方面 Samimy 等[26]的研究结果指出,湍流的各向异性随着对流马赫数的增大并没有显著变化;另一方面,Goebel 等[3]的研究结果表明,对流马赫数的提高致使流动的各向异性显著增长。实际上,试验时采用的不同风洞设备是造成这种增长趋势差异的重要因素。Goebel 等[3]的试验是在美国伊利诺伊大学香槟分校的风洞实验室开展的,风洞设备对于试验结果的影响不可忽略。

1.4.5　压缩性抑制混合的物理机制

尽管低速混合层和可压缩混合层有很多共性特征,如混合层厚度都随着混合层的流向流动而线性增长。但是前面的分析也指出,可压缩混合层的动力学行为不能仅靠来流密度比的变化描述,尤其在涉及流动的混合及增长特性时。已有研究表明:在可压缩流动中,相比于密度比变化带来的影响,压缩性的变化更加占据主导地位。随着流动压缩性的提高,混合层的混合过程和增长率受到显著抑制,流场的湍流脉动强度也显著降低。

尽管可压缩性的增长会抑制流动的混合已经是一个被研究人员所普遍接受的结论。但是一个不难提出的问题是:这背后的物理机制是什么? 压缩性是通过怎样的方式来改变混合层的结构特性和混合过程的? 实际上,在超声速混合层理论研究方面,人们也开展了一些工作。

1. 稳定性分析

首先在稳定性分析(linear stability analysis, LSA)方面,小扰动理论得到了广泛的应用。对于两股平行自由来流的混合层,入口的速度剖面 $U(x=0,y,z,t)$ 为正切双曲型,入口的小扰动 $u'(x=0,y,z,t)$ 叠加在入口的速度剖面上,则入口的瞬时速度可以表示为

$$u(x=0,y,z,t)=U(x=0,y,z,t)+u'(x=0,y,z,t) \tag{1-26}$$

实际上，小扰动 $u'(x=0,y,z,t)$ 应该是各向同性的且其扰动的边界也是各向同性的，从而就形成了一个求解特征值的问题。求出的特征值可以用来检验扰动是处于衰减还是增长的状态，分别对应于稳定和不稳定的模态。小扰动理论可以用来研究不同流动条件中哪种类型的扰动处于增长或衰减状态，从而确定流场的最不稳定模态。需要指出的是，稳定性理论的应用只适合在超声速混合层初始阶段的分析。当采用最不稳定频率激发的混合层发展起来时，在流动的下游或者远场处，流动的非线性失稳是主导。因此，在流动的自相似区域，稳定性理论得出的结论能否成功地解释混合层的流动现象，其可信度有多高，这也是最近研究人员十分关注的问题。

采用无黏线性稳定性分析，研究人员发现在不可压混合层中，最大模态的空间增长率和来流的速度比呈正比关系。后来，又有研究人员将其拓展到可压缩混合层的应用中，发现随着对流马赫数的提高，混合层最不稳定增长率的幅值受到了显著抑制。之后 Sandham 等[27]发现当 $Mc<0.6$ 时，流场中二维扰动起主导作用；当 $Mc>0.6$ 时，三维斜波扰动发展起来并逐渐起主导作用。这就不难解释在高压缩混合层中流场结构呈现出三维特性的现象。Day 等[28]采用线性稳定性分析理论系统研究了压缩性、放热效应、速度比、密度比及当量比变化对化学反应混合层流场结构的影响。其研究指出，压缩性主导了不稳定模态的产生和发展，同时密度比变化对不同不稳定模态幅值有重要的影响。

2. 声速涡理论

过去研究人员尝试从涡结构关联(vortex communication)的角度研究了可压缩混合层的增长情况，发现流场结构之间关联的降低是造成混合层增长率和涡结构特性变化的重要原因。实际上在低速混合层中，流场呈现出椭圆特性，流场的扰动向包括横向和展向在内的四周传播，流场结构之间的关联紧密。而在可压缩混合层中，流场呈现出双曲特性，流动只能向前传播，很显然这抑制了流场结构之间的关联，使得混合层的稳定性得到加强。声速涡理论认为，为了保证涡结构之间的关联，涡结构两边的速度差最大只能是声速，因此限制了可压缩混合层中涡结构的最大尺度。这一概念后来也被用来修正湍流长度尺度的计算。

3. 湍动能平衡理论

在湍动能所有组成项中，研究人员认为与压缩性抑制混合有关项是膨胀项和压力-应变关联项。膨胀项主要包括膨胀扩散项和压力-膨胀项。基于膨胀项的分析表明：在湍动能输运过程中，速度脉动的膨胀作为附加的耗散项对输运过程起着重要作用。甚至一些研究表明：在时均流场为亚声速的混合层流动中，速度脉动的膨胀使得混合层局部变为超声速流动。在这种流动条件下，流场中出现了大尺度涡结构诱导的小激波结构，小激波结构诱导的耗散过程会跳过传统的能量叠加方式来实现。

Sarkar[29]的研究则表明，湍流生成项的减小造成了高可压缩流动中湍动能增长率的降低。湍流生成项的减小正是可压缩效应通过作用于压力-应变关联项来实现的。考虑到雷诺应力输运方程，压缩性的提高会显著地降低雷诺剪切应力的各向异性，同时增强雷诺正应力的各向异性。因此，他认为低速不可压混合层中的压力-应变模型在高速可压缩流动中不适用。此外，压缩性对于边界层和混合层的影响也不相同，在解释压缩性对混合层增长率的影响时必须考虑到这一点。由此，Sarkar 基于当地流场的参数提出了梯度马赫数的概念：

$$Mg = Sl/a \tag{1-27}$$

式中，S 是平均剪切率；l 是当地特征长度；a 是当地声速。Sarkar[29]的研究表明，相比于边界层，在超声速混合层中梯度马赫数对压缩性的感受性更加明显。

Vreman 等[30]研究了对流马赫数从 0.2 到 1.2 的可压缩混合层增长率情况。其研究结果表明，压力脉动的减小通过压力-应变关联项使得混合层的增长率显著降低。同时在强压缩性下，雷诺应力的各个分量都会减小，但是雷诺正应力受到的影响最小。实际上，强压缩性下湍流动能在流向、横向及展向上的重新分布，包括由此造成的各向异性的变化都是压缩性作用于压力-应变关联项的结果。

在前人研究的基础上，Pantano 等[14]进一步发现了压力-应变关联项在可压和不可压条件下的对比分布。其研究发现，随着对流马赫数的增长，压力-应变关联项均呈现出单调下降的特点。同时，压力-应变张量的所有项均与脉动压力均方根的减小成正比。这一点更加有力地证明了在可压缩混合层中，压力-应变关联项、脉动压力分布、混合层增长率及混合层流场结构之间有着密切的关系。

尽管研究人员多次证实了可压缩混合层增长率和压力-应变关联项之间的关系，但考虑到建立压力-应变模型涉及二阶张量的分析，基于此建立的湍流模型将会十分复杂。因此，目前很少有成熟的基于压力-应变关联项建立的湍流模型。但压力-应变关联项和混合层增长率之间的关系使得相关的研究始终是超声速混合层理论研究的热点。

参 考 文 献

[1] Dimotakis P E. Two-dimensional shear layer entrainment[J]. AIAA Journal, 1986, 24(11): 1791-1796.

[2] Sreenivasan K R, Meneveau C. The fractal facets of turbulence[J]. Journal of Fluid Mechanics, 1986, 173: 357-386.

[3] Goebel S, Dutton J. Experimental study of compressible turbulent mixing layers[J]. AIAA Journal,

1991, 29(4): 538-546.

[4] Dimotakis P E. Turbulent free shear layer mixing and combustion[C]. Reston: American Institute of Aeronautics and Astronautics Inc,. 1991. 91-92.

[5] Papamoschou D, Roshko A. The compressible turbulent shear layer: An experimental study[J]. Journal of Fluid Mechanics, 1988, 197: 453-477.

[6] Bogdanoff D W. Compressibility effects in turbulent shear layers[J]. AIAA Journal, 1983,21: 926-927.

[7] Barre S, Bonnet J P. Detailed experimental study of a highly compressible supersonic turbulent plane mixing layer and comparison with most recent DNS results: Towards an accurate description of compressibility effects in supersonic free shear flows[J]. International Journal of Heat and Fluid Flow, 2015, 51: 324-334.

[8] Clemens N T, Mungal M G. Large-scale structure and entrainment in the supersonic mixing layer[J]. Journal of Fluid Mechanics, 1995, 284: 171-216.

[9] Iyer A S, Rajan N K S. Simulation of spatial high speed mixing layers using LES[J]. Computers and Fluids, 2015, 109: 113-122.

[10] Olsen M G, Dutton J C. Planar velocity measurements in a weakly compressible mixing layer[J]. Journal of Fluid Mechanics, 2003, 486: 51-77.

[11] Zhou Q, He F, Shen M Y. Direct numerical simulation of a spatially developing compressible plane mixing layer: Flow structures and mean flow properties[J]. Journal of Fluid Mechanics, 2012, 711: 437-468.

[12] Fu S, Li Q B. Numerical simulation of compressible mixing layers[J]. International Journal of Heat and Fluid Flow, 2006, 27(5): 895-901.

[13] Ferrer M, Lehnasch P J, Mura G A. Direct numerical simulations of high speed reactive mixing layers[J]. Journal of Physics: Conference series, 2012, 395: 012004.

[14] Pantano C, Sarkar S. A study of compressibility effects in the high-speed turbulent shear layer using direct simulation[J]. Journal of Fluid Mechanics, 2002,451: 329-371.

[15] Naughton J W, Louis N, Cattafesta L N, et al. An experimental study of compressible turbulent mixing enhancement in swirling jets[J]. Journal of Fluid Mechanics, 1997, 330: 271-305.

[16] Rossmann T, Mungal M G, Hanson R K. Evolution and growth of large-scale structures in high compressibility mixing layers[J]. Journal of Turbulence, 2002, 3: 9.

[17] Freund J B, Lele S K, Moin P. Compressibility effects in a turbulent annular mixing layer. [J]. Journal of Fluid Mechanics, 2000, 421: 229-267.

[18] Zhang D D, Tan J G, Yao X. Direct numerical simulation of spatially developing highly compressible mixing layer: Structural evolution and turbulent statistics[J]. Physics of Fluids, 2019, 31: 036102.

[19] Chambres O, Barre S, Bonnet J P. Balance of kinetic energy in supersonic mixing layer compared to subsonic mixing layer and subsonic jets with variable density[C]. IUTAM Symposium on Variable Density Low Speed Turbulent Flows, 1997: 303-308.

[20] 张冬冬, 谭建国, 吕良, 等. 强迫振动下超声速混合层的掺混特性[J]. 航空动力学报, 2015, 30(9): 2181-2188.

[21] Urban W D, Mungal M G. Planer velocity measurements in compressible mixing layers[J]. Journal of Fluid Mechanics, 2001, 431: 189-222.

[22] Zang D D, Tan J G, Hou J W. Structural and mixing characteristics influenced by streamwise vortices in supersonic flow[J]. Applied Physics Letters, 2017, 110: 124101.

[23] 张冬冬, 谭建国, 吕良. 超声速混合层在强迫振动下流场结构的实验研究[J]. 推进技术, 2016, 37(4): 601-607.

[24] Brown G L, Roshko A. On density effects and large structure in turbulent mixing layers[J]. Journal of Fluid Mechanics, 1974, 64(4): 775-816.

[25] Elliott G, Samimy M. Compressibility effects in free shear layers[J]. Physics of Fluids A, 1990, 2(7): 1231-1240.

[26] Samimy M, Elliott G S. Effects of compressibility on the characteristics of free shear layers[J]. AIAA Journal, 1990, 28(3): 439-445.

[27] Sandham N D, Reynolds W C. Compressible mixing layer: Linear theory and direct simulation[J]. AIAA Journal, 1990, 28(4): 618-624.

[28] Day M J, Mansour N N, Reynolds W C. Nonlinear stability and structure of compressible reacting mixing layers[J]. Journal of Fluid Mechanics, 2001, 446: 375-408.

[29] Sarkar S. The stabalizing effect of compressibility in turbulent shear flow[J]. Journal of Fluid Mechanics, 1995, 282: 163-186.

[30] Vreman A, Sandham N, Luo K. Compressible mixing layer growth rate and turbulence characteristics[J]. Journal of Fluid Mechanics, 1996, 320: 235-258.

第 2 章　试验研究与数值仿真方法

2.1　超声速混合层试验研究

　　尽管近 20 年来, 得益于计算机技术的发展, 运用计算流体力学(computational fluid dynamics, CFD)的知识解决可压缩混合层问题得到了越来越多研究人员的重视, 但是风洞试验工作仍是研究必不可少的部分。一方面, 开展风洞试验可以最直观地观察和研究可压缩混合层流场的结构和流动特性, 通过适当的图像处理手段可以得到流动更为本质的特征; 另一方面, 采用具有高时空分辨率的试验技术获得的试验数据可以为改进算法提供基本的模型参考。近年来, 随着流动测量技术的发展, 尤其是非接触式测量技术的进步, 研究人员得到了更多精确的试验测试结果, 为 CFD 算法的改进提供了更为有效的试验参照模型和准则。

　　20 世纪 80 年代至 90 年代末期, 各个军事强国力求在未来空天领域中占据一席之地, 纷纷重视高超声速推进技术, 组合循环发动机技术中以可压缩混合层为基础的流动模型得到了广泛的关注和持续不断的研究。其中, 激光多普勒测速技术及平面激光诱导荧光技术等激光诊断技术在可压缩混合层的测量中起到了重要作用。值得肯定的是, 过去三十多年里, 研究人员已经开展大量关于超声速混合层的试验工作, 获得了一系列研究成果并建立了大量流动模型, 但目前的研究仍有许多不足。例如, 受限于流场测量设备, 高时空分辨率的流场结构少见报道; 可压缩性抑制混合的物理机制究竟该从哪方面考虑; 等等。

　　国防科技大学赵玉新等[1,2]成功研制了具有高时空分辨率的流场观测技术——基于纳米粒子的 NPLS 技术。采用该设备能够通过试验更深入地获得流场信息, 并由此尝试解决上面提出的问题。NPLS 技术凭借其良好的粒子跟随性已经在超声速流动中得到了广泛应用。

　　本节对本书研究工作开展所需的试验条件和设备进行介绍, 包括超声速混合层风洞设计及流场测量和可视化技术。

2.1.1　超声速混合层风洞设计

　　对于超声速混合层风洞, 其必须具备的特征是能够通过喷管前后的压力差使得流体得到加速。对于出口是亚声速/声速的流动, 通常在喷管内设置一个压缩斜坡得到该压力差; 而要在出口得到超声速流动则需要使流动经过拉瓦尔喷管来获得，同时上下游的压力差要足够大。对于超声速混合层风洞，普遍采用在两股来流中间装置隔板的方式获得混合层结构。考虑到试验段壁面边界层厚度的增长，试验段通常采用具有一定扩张角的构型来降低壁面边界层增长带来的压力梯度对流场的影响。

本书中的试验工作是在国防科技大学的超声速混合层风洞上开展的，风洞示意图如图 2-1 所示。该风洞具有来流湍流度低、噪声小、流场品质高的特点，为研究可压缩湍流的基础流动问题提供了保障。

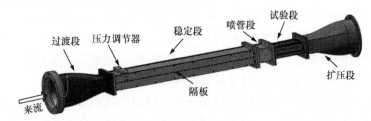

图 2-1　超声速低噪声低湍流度混合层风洞示意图

风洞的构造可分为五部分：过渡段、稳定段(整流段)、喷管段、试验段、扩压段。下面对各个部件进行简要介绍。

过渡段位于流场的上游位置，安装气体收集器和开关阀门。开关阀门为圆形结构，而下游与过渡段连接的稳定段为方形结构，因此过渡段采用了圆转方的结构装置。同时，过渡段具有一定的收缩角度且内壁面尽量光滑以实现收缩气流的目的。

稳定段的设计对于风洞获得高品质的来流十分重要。通过在稳定段中间设置隔板的方式将上下两层来流分开，以在喷管后缘形成混合层结构。稳定段内壁面光滑且长，以保证来流经过稳定段整流后具备低湍流度、低噪声的特点。同时，由等熵关系式可知，要想实现喷管出口处上下来流的压力匹配，上层低速来流的总压要远远低于下层高速来流的总压(1 个大气压)。因此，在稳定段的前端安装总压调节装置，通过调节上层来流的总压来实现压力匹配。总压调节器的设计参考了闸门的设计方式，在稳定段前段上侧安装可以上下移动的挡板，挡板上布置一定数量的圆形孔，调节挡板的上下位置，通过气流流过圆形孔产生的黏性损失来降低来流的总压。

喷管段的设计和加工质量是整个风洞运行成功的关键。在喷管设计时要遵循三个原则：①喷管出口的设计马赫数要达到要求；②喷管内部截面上马赫数分布均匀；③喷管出口的流动方向与风洞轴线平行。同时，为了避免喷管内部边界层转捩，喷管不能太长。喷管设计采用基于 B-样条曲线的可调型线喷管设计，该方法由赵玉新[1]提出，其设计精度远高于传统的 Foelsch 方法、Sivells 方法和最短长度喷管方法。同时，该方法设计的喷管可以在保证完全消波的情况下，达到缩短喷管长度及改变喷管曲线的目的，从而抑制壁面边界层过早转捩，实现喷管的层流化。关于 B-样条曲线的可调型线喷管设计原理的进一步分析可以参考文献[1]。

试验段前后分别与喷管段和扩压段连接，通常采用密封圈或密封胶进行密封。试验段四壁开窗并安装光学玻璃，以便对流场进行各个方位和角度的诊断与观测。试验段设计和加工需要特别注意，要满足气流稳定、气密性高、壁面光滑及结构强度高等要求。安装时要注意与前面喷管段及光学玻璃之间不能有明显的台阶。研究表明，在超声速气流中，即使 1mm 的台阶都会造成混合层结构的显著变化。试验段的截面尺寸与风洞持续运行时间有很大关系。尺寸越大，风洞运行时间越短但光学观测的范围越大；尺寸越小，风洞运行时间越长但增加了光学观测的难度。综合考虑，风洞试验段的尺寸设计为 380mm×200mm×60mm。

扩压段的设计要保证有足够大的扩张角，以减小风洞运行所需的压力比从而提高运行效率。扩压结构与后面真空球罐的连接采用软连接的方式，以减小试验段因出现应力而产生的变形。真空球罐用来满足吸气式风洞运行所需流场下游的低压要求。

2.1.2 流场测量和可视化技术

1. NPLS 系统组成

NPLS 系统由纳米粒子发生器、CCD 相机、脉冲激光光源系统(双腔激光器等)、同步控制器和图像采集板(放置于计算机内)组成，如图 2-2 所示。照明激光器为 Nd:YAG 双腔激光器，主要作为照明光源，使用两台脉冲激光器经过光束合束器通过一个光路出口并且空间上严格重合地发射出来，经过导光臂和片光组件，产生照明流场的脉冲片光源。工作时脉冲激光的最大能量达 520MJ，脉冲宽度为 6ns(±1ns)。CCD 相机通过外部触发一次瞬间捕捉两帧图像，将捕捉到的一系列图像通过图像采集板实时传输到计算机中。CCD 相机采用 Sigma Macro 105 mm f/2.8D 型号镜头，分辨率为 4000×2672 pixels。触发信号由同步控制器提供，从而保持与脉冲激光器的完全同步。同步控制器(MicroPulse725)通过内部时基产生周期的脉冲触发信号，经过多个延时通道同时产生多个经过延时的触发信号，用来控制激光器、数字相机和图像采集板，使它们工作在严格同步的信号基础上，保证各部分协调工作。同步控制器的时间控制精度为 0.25ns。计算机用于存储图像采集板提供的图像数据，通过粒子图像测速系统软件可以实时地完成速度场的计算、显示和存储。

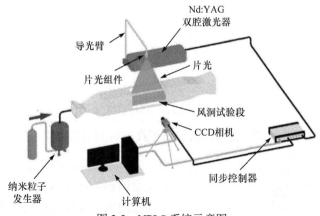

图 2-2 NPLS 系统示意图

2. 工作时序

试验时，风洞中投放的纳米示踪粒子受到激光片光的照射发生散射作用，CCD 相机通过对纳米粒子成像得到超声速混合层的流场图像。在 NPLS 图像中，灰度高的区域对应高马赫数的流场，灰度低的区域则对应低马赫数的流场。采用跨帧技术，NPLS 系统不仅可以测量流场的瞬态空间结构，还可以研究互相关时间间隔内的流场演化特征。在此基础上开发的 PIV 技术，与 NPLS 共享一套系统，其基于共振散射技术，很好地解决了超声速流场中粒子跟随性的问题。

NPLS 和 PIV 工作时序图如图 2-3 所示。在同步控制器发出触发信号触发 CCD 相机后，CCD 相机开始接收信号并进行第一帧的曝光。在此曝光时间内，激光光源发出第一束脉冲激光照亮流场中的纳米粒子，使得 CCD 相机完成第一幅图像的捕捉。此后，CCD 相机开始第二帧曝光的同时激光光源发出第二束脉冲激光，从而完成第二幅图像的捕捉。通过对这两幅具有时间相关性的流场图像进行互相关分析，就可以得到流场的速度场分布。

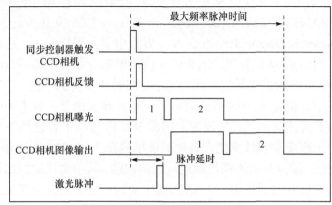

图 2-3 NPLS 和 PIV 工作时序图

3. PIV 互相关算法理论

当采用 PIV 技术对流场进行测量时，通常有三个假设：①示踪粒子在流场中均匀分布；②示踪粒子在流场中跟随性良好；③PIV 计算判读区内有唯一的速度。在已知的时间间隔 Δt 内，脉冲激光器经过透镜组作用的片光照射下，纳米级示踪粒子的瞬间位置被记录在跨帧 CCD 相机上。如果知道粒子在 t_1 和 t_2 时刻的位置，则从相机记录粒子的位置变化就可以获得粒子在 t_1 时刻的运动速度为 $v = \lim\limits_{\Delta t \to 0} \dfrac{\Delta s}{\Delta t}$。实

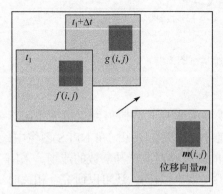

际上在对采集到的图像进行互相关分析时，首先要明确的就是判读区的概念。判读区是指在图像一定位置处所取的方形图，对该方形图的信号进行处理就可以得到速度，进而可以得到流场的涡量场、雷诺应力场及流场等的分布。图 2-4 展示互相关计算示意图。在同一位置处 t_1 和 $t_1+\Delta t$ 时间获得了两个判读区 $f(i, j)$ 和 $g(i, j)$。(i, j) 分别为 f 和 g 在两幅图中的相对位置。通过对 f 和 g 进行处理就可以得到该判读区内对应的位移 s。此外，使用快速傅里叶变换加快了运算

图 2-4　互相关计算示意图

的速度，采用预估-校正算法、超分辨率算法及变形修正算法对计算的结果进行修正。

2.2　超声速混合层直接数值模拟

超声速流动常用的数值模拟方法包括雷诺时均模拟(Reynolds average navier-stokes, RANS)、大涡模拟(large eddy simulation, LES)及直接数值模拟(direct numerical simulation, DNS)。RANS 在 N-S 方程中引入平均方法，通过求解统计平均或系综平均后的 N-S 方程，人为引入湍流模型对方程中的不封闭项进行封闭求解。RANS 方法的优势是计算网格量小，同时计算量也不大，在工程计算中得到了广泛应用。但是 RANS 方法忽略了流场的脉动细节，且人为引入的湍流模型通常不是对湍流运动的真实反映，因此 RANS 方法的普适性一般。LES 方法是综合考虑工程要求和计算能力条件下提出的介于 RANS 方法和 DNS 方法之间的研究方法。湍流是由不同尺度的旋涡组成的，其中大尺度涡结构的不规则脉动对流动的发展起重要作用，湍流的质量、动量及能量的交换都是通过大尺度涡结构来实现的。而小尺度涡结构受边界条件的影响较小，其主要对耗散起作

用，通过耗散效应来影响湍流的变量。LES 方法的基本思路：对湍流中的大尺度涡采用 N-S 方程直接求解，而小尺度涡对大尺度涡的影响通过亚格子尺度近似模型来模拟。

　　近年来，随着计算机技术的发展，DNS 方法得到了越来越多的关注。DNS 方法不引入任何模型，通过直接求解 N-S 方程来获得流场时空演化的全部信息和细节。由于不引入任何湍流模型误差，DNS 方法是目前最准确的湍流计算手段之一，非常有利于进行湍流机理的研究，同时便于对湍流及转捩模型进行校验及改进。但是，由于需要巨大的计算资源，目前 DNS 方法还无法在全尺寸飞行器等工程问题中进行计算。然而，在基础理论研究中，DNS 方法却发挥了巨大作用。

　　受限于计算方法及计算量，面向超声速流动 DNS 方法计算的发展比低速和亚声速流动起步晚。一方面，为了捕捉流场中小尺度涡结构，数值计算格式必须是低耗散的；另一方面，超声速流动中激波间断的捕捉又必须要有足够大的耗散来抑制数值振荡。计算的稳定性和低耗散这对矛盾的存在使得 DNS 方法在超声速流动中的应用非常困难。再加上超声速流动的雷诺数通常很高，带来的巨大计算量也是在开展 DNS 工作时需要顾及的。

　　近年来，随着计算机技术的发展和高精度激波捕捉格式的进步，面向超声速流动应用的 DNS 方法逐渐发展起来。其中，差分方法由于易于实现高精度、高分辨率及对激波进行捕捉，非常适合于对湍流进行数值仿真研究。差分方法主要有中心差分和迎风差分两种格式，中心差分格式耗散低但计算稳定性差。本书针对流体力学 N-S 控制方程各项的不同特点分别采用不同的计算格式。下面首先对 N-S 方程进行简要的介绍。

2.2.1　控制方程

　　DNS 方法采用高精度的数值格式直接求解 N-S 方程，不需要引入任何模型。对于三维可压缩流动，其无量纲守恒型的 N-S 方程形式如下。

$$\frac{\partial U}{\partial t}+\frac{\partial F(U)}{\partial \xi}+\frac{\partial G(U)}{\partial \eta}+\frac{\partial H(U)}{\partial \zeta}=\frac{\partial F^{v}(U)}{\partial \xi}+\frac{\partial G^{v}(U)}{\partial \eta}+\frac{\partial H^{v}(U)}{\partial \zeta} \tag{2-1}$$

　　这里，流动速度矢量 U，对流项 $F(U)$、$G(U)$、$H(U)$ 以及黏性项 $F^{v}(U)$、$G^{v}(U)$、$H^{v}(U)$ 分别为

$$U=J\begin{bmatrix}\rho\\\rho u\\\rho v\\\rho w\\\rho e\end{bmatrix} \tag{2-2}$$

$$F(U) = J \begin{bmatrix} \rho\theta_1 \\ \rho\theta_1 u + \xi_x p\Upsilon \\ \rho\theta_1 v + \xi_y p\Upsilon \\ \rho\theta_1 w + \xi_z p\Upsilon \\ \rho\theta_1\left(e + \dfrac{p}{\rho}\Upsilon\right) \end{bmatrix}, \quad G(U) = J \begin{bmatrix} \rho\theta_2 \\ \rho\theta_2 u + \eta_x p\Upsilon \\ \rho\theta_2 v + \eta_y p\Upsilon \\ \rho\theta_2 w + \eta_z p\Upsilon \\ \rho\theta_2\left(e + \dfrac{p}{\rho}\Upsilon\right) \end{bmatrix}, H(U) = J \begin{bmatrix} \rho\theta_3 \\ \rho\theta_3 u + \zeta_x p\Upsilon \\ \rho\theta_3 v + \zeta_y p\Upsilon \\ \rho\theta_3 w + \zeta_z p\Upsilon \\ \rho\theta_3\left(e + \dfrac{p}{\rho}\Upsilon\right) \end{bmatrix}$$

$$(2\text{-}3)$$

$$F^v(U) = J \begin{bmatrix} 0 \\ \Psi(\xi_x\tau_{\xi\xi} + \xi_y\tau_{\xi\eta} + \xi_z\tau_{\xi\zeta}) \\ \Psi(\xi_x\tau_{\xi\eta} + \xi_y\tau_{\eta\eta} + \xi_z\tau_{\eta\zeta}) \\ \Psi(\xi_x\tau_{\xi\zeta} + \xi_y\tau_{\eta\zeta} + \xi_z\tau_{\zeta\zeta}) \\ \Psi[u(\xi_x\tau_{\xi\zeta} + \xi_y\tau_{\eta\zeta} + \xi_z\tau_{\zeta\zeta}) + v(\xi_x\tau_{\xi\eta} + \xi_y\tau_{\eta\eta} + \xi_z\tau_{\eta\zeta}) \\ + w(\xi_x\tau_{\xi\zeta} + \xi_y\tau_{\eta\zeta} + \xi_z\tau_{\zeta\zeta})] - \Gamma(\xi_x q_\xi + \xi_y q_\eta + \xi_z q_\zeta) \end{bmatrix} \quad (2\text{-}4)$$

$$G^v(U) = J \begin{bmatrix} 0 \\ \Psi(\eta_x\tau_{\xi\xi} + \eta_y\tau_{\xi\eta} + \eta_z\tau_{\xi\zeta}) \\ \Psi(\eta_x\tau_{\xi\eta} + \eta_y\tau_{\eta\eta} + \eta_z\tau_{\eta\zeta}) \\ \Psi(\eta_x\tau_{\xi\zeta} + \eta_y\tau_{\eta\zeta} + \eta_z\tau_{\zeta\zeta}) \\ \Psi[u(\eta_x\tau_{\xi\zeta} + \eta_y\tau_{\eta\zeta} + \eta_z\tau_{\zeta\zeta}) + v(\eta_x\tau_{\xi\eta} + \eta_y\tau_{\eta\eta} + \eta_z\tau_{\eta\zeta}) \\ + w(\eta_x\tau_{\xi\zeta} + \eta_y\tau_{\eta\zeta} + \eta_z\tau_{\zeta\zeta})] - \Gamma(\eta_x q_\xi + \eta_y q_\eta + \eta_z q_\zeta) \end{bmatrix} \quad (2\text{-}5)$$

$$H^v(U) = J \begin{bmatrix} 0 \\ \Psi(\zeta_x\tau_{\xi\xi} + \zeta_y\tau_{\xi\eta} + \zeta_z\tau_{\xi\zeta}) \\ \Psi(\zeta_x\tau_{\xi\eta} + \zeta_y\tau_{\eta\eta} + \zeta_z\tau_{\eta\zeta}) \\ \Psi(\zeta_x\tau_{\xi\zeta} + \zeta_y\tau_{\eta\zeta} + \zeta_z\tau_{\zeta\zeta}) \\ \Psi[u(\zeta_x\tau_{\xi\zeta} + \zeta_y\tau_{\eta\zeta} + \zeta_z\tau_{\zeta\zeta}) + v(\zeta_x\tau_{\xi\eta} + \zeta_y\tau_{\eta\eta} + \zeta_z\tau_{\eta\zeta}) \\ + w(\zeta_x\tau_{\xi\zeta} + \zeta_y\tau_{\eta\zeta} + \zeta_z\tau_{\zeta\zeta})] - \Gamma(\zeta_x q_\xi + \zeta_y q_\eta + \zeta_z q_\zeta) \end{bmatrix} \quad (2\text{-}6)$$

$$\begin{cases} \theta_1 = u\xi_x + v\xi_y + w\xi_z \\ \theta_2 = u\eta_x + v\eta_y + w\eta_z \\ \theta_3 = u\zeta_x + v\zeta_y + w\zeta_z \end{cases} \quad (2\text{-}7)$$

$$\Upsilon = \frac{1}{\gamma(Ma)_{\text{ref}}^2}, \quad \Psi = \frac{1}{Re_{\text{ref}}}, \quad \Gamma = \frac{1}{(\gamma-1)(Ma)_{\text{ref}}^2 Pr_{\text{ref}}} \quad (2\text{-}8)$$

式中，τ 和 q 是转换后的剪切应力张量和热流通量；$\xi_{x,y,z}$、$\eta_{x,y,z}$、$\zeta_{x,y,z}$ 为雅可比

矩阵 $\boldsymbol{J}$ 的矩阵系数，雅可比矩阵 $\boldsymbol{J}$ 通过坐标变换将物理平面的 (x,y,z) 转换为计算平面上的 $\xi(x,y,z)$、$\eta(x,y,z)$、$\zeta(x,y,z)$。

此外，理想气体的状态方程为

$$p = \rho RT \tag{2-9}$$

动力黏性系数采用 Sutherland 公式给出

$$\begin{cases} \mu = \dfrac{1+S}{T+S}T^{3/2} \\ S = \dfrac{T_s}{T_{\text{ref}}} \end{cases} \tag{2-10}$$

总能量由方程(2-11)给出

$$e = \frac{u^2+v^2+w^2}{2} + \frac{\gamma}{\gamma-1}\frac{p}{\rho} \tag{2-11}$$

这里，Sutherland 温度常数取 $T_s = 100.4\text{K}$，通常状态下，空气比热比及普朗特数可分别取为 $\gamma=1.4$、$Pr=0.73$。在对方程进行无量纲化时，会使用到下面几个参考变量：u_{ref}、T_{ref}、p_{ref}、ρ_{ref}、μ_{ref}、L_{ref}、R_{ref}。则无量纲的马赫数和雷诺数分别定义为

$$Ma_{\text{ref}} = \frac{u_{\text{ref}}}{\sqrt{\gamma R_{\text{ref}} T_{\text{ref}}}}$$
$$Re_{\text{ref}} = \frac{\rho_{\text{ref}} u_{\text{ref}} L_{\text{ref}}}{\mu_{\text{ref}}} \tag{2-12}$$

本小节简要回顾了可压缩流动计算所需要的理论知识，建立了基本的数学模型，这是开展计算的第一步。接下来将介绍发展的一套计算方法。

2.2.2 数值计算方法

为了完成对 N-S 方程的求解，开发一套合适的数值计算方法非常重要。对于可压缩流动尤其是超声速流动而言，基于双曲守恒律，其求解会出现激波或者接触间断。如何准确地预测流动的间断成为数值格式构造的一个重要挑战。理想的数值方法应该在流场平滑区域准确且没有数值耗散，同时能够稳定地捕捉激波而不出现非线性不稳定。实际上从数值计算的角度出发，方程(2-1)可以表达为如下形式。

$$\frac{\partial \boldsymbol{u}}{\partial t} + \frac{\partial \boldsymbol{f}}{\partial X_i} = \frac{\partial \boldsymbol{f}^v}{\partial X_i}, \quad i=1,2,3 \tag{2-13}$$

这里将重点介绍求解 N-S 方程采用的数值离散方法。对于无黏项的离散，本

书采用 5 阶加权无振荡(a fifth order weighted essentially non-oscillatory, WENO5)格式进行有限差分离散；对于黏性项，本书采用 6 阶中心差分格式离散；对于时间项，本书采用三阶精度具有 TVD 性质的 Runge-Kutta 方法进行离散。数值验证和流动计算表明，这样的离散方法组合能够保证计算结果可靠的同时减少计算资源的消耗。

1. 对流项离散

传统的有限差分方法通过在固定模板上节点的插值来实现。而中心差分格式在间断附近会出现明显的 Gibbs 振荡，且这种振荡不会随网格的加密而衰减。此外，一些低阶数值方法，如 Roe 格式、一阶 Godunov 格式等虽然能够分辨出振荡且不产生伪数值振荡，但是具有很强的间断抹平效应。对于存在激波和间断的复杂流动，往往需要高阶的格式来处理。在这样的背景下，本节采用了 WENO5 格式来实现计算的要求。

WENO 格式基于 ENO 格式发展而来。ENO 格式的核心思想是在所有模板中采用最光滑的模板来获得高阶精度的同时避免 Gibbs 现象。尽管 ENO 格式能够对激波进行准确捕捉，但是仍旧存在如下缺陷：一是和自适应模板带来的舍入误差有关；二是 ENO 格式计算的经济性差，需要消耗的计算资源多。在此基础上学者提出的 WENO 格式能够在克服上述不足的同时保持计算较好的刚性和高精度。其思想是，采用所有候选模板进行非线性的凸性组合来提高数值通量的精度，同时保持在激波附近振荡较微弱的性质。但是 Liu 等[3]采用的光滑因子在光滑区域对于 r 个模板的格式只能达到 $r+1$ 的精度。之后，在 Jiang 等[4]发展的 WENO 格式中，通过采用有限差分的形式和新的光滑因子，提高了计算的精度。本书编写的 WENO 格式也是基于 Jiang 等[4]的经典格式开展的。下面对 WENO 格式的构造过程进行说明。

对于一维标量守恒问题，有

$$u_t = -f_x \tag{2-14}$$

考虑到格式在空间求导的守恒性，对于无黏通量 $f(u)$，其在网格节点 i 处的差分形式为

$$\frac{\partial u_i}{\partial t} = -\frac{1}{\Delta x}(\tilde{f}_{i+1/2} - \tilde{f}_{i-1/2}) \tag{2-15}$$

$$\tilde{f}_{i+1/2} = \tilde{f}(u_{i-r}, u_{i-r+1}, \cdots, u_{i+r}) \tag{2-16}$$

对于 $\tilde{f}_{i+1/2}$，可以采用已知的节点值进行重构。要构造五阶精度的 WENO 格式，需要三个子模板 S_0、S_1、S_2。则可以通过三个子模板 $\tilde{f}_{i+1/2}^s$ 的凸性组合得到 $\tilde{f}_{i+1/2}$。

$$\tilde{f}_{i+1/2} = \sum_{s=0}^{r=2} \omega_s \tilde{f}_{i+1/2}^s = \omega_0 \tilde{f}_{i+1/2}^0 + \omega_1 \tilde{f}_{i+1/2}^1 + \omega_2 \tilde{f}_{i+1/2}^2 \tag{2-17}$$

其中：

$$\begin{cases} \tilde{f}_{i+1/2}^0 = b_0 f_{i-2} + b_1 f_{i-1} + b_2 f_i \\ \tilde{f}_{i+1/2}^1 = b_3 f_{i-1} + b_4 f_i + b_5 f_{i+1} \\ \tilde{f}_{i+1/2}^2 = b_6 f_i + b_7 f_{i+1} + b_8 f_{i+2} \end{cases} \tag{2-18}$$

$$\omega_s = \frac{\tilde{\omega}_s}{\tilde{\omega}_0 + \tilde{\omega}_1 + \tilde{\omega}_2} \tag{2-19}$$

$$\tilde{\omega}_s = \frac{b_s^r}{(\varepsilon + \beta_s)^2} \tag{2-20}$$

式中，ω_s 是权重因子；ε 是避免除数为 0 引入的小量；β_s 是光滑指示器。此处，有

$$\begin{cases} \beta_0 = \frac{13}{12}(f_{i-2} - 2f_{i-1} + f_i)^2 + \frac{1}{4}(3f_i - 4f_{i-1} + f_{i-2})^2 \\ \beta_1 = \frac{13}{12}(f_{i-1} - 2f_i + f_{i+1})^2 + \frac{1}{4}(f_{i+1} - f_{i-1})^2 \\ \beta_2 = \frac{13}{12}(f_{i+2} - 2f_{i+1} + f_i)^2 + \frac{1}{4}(f_{i+2} - 4f_{i+1} + 3f_i)^2 \end{cases} \tag{2-21}$$

至此完成了 WENO 格式的重构。当将 WENO 格式运用到 N-S 方程中时，采用 Lax-Friedrichs 对 $f(u)_{i+1/2}$ 进行矢通量分裂，这里矢通量的雅可比矩阵 $A = \partial f(u)/\partial u$ 的特征值 λ 的正负决定了迎风格式构造的方向。此外，雅可比矩阵 $A = R\Lambda R^{-1}$，采用子模板雅可比矩阵的最大特征值 $\lambda_{i,\max}$，从而得到当地 Lax-Friedrichs 矢通量分裂的格式为

$$f_{i+1/2} = \frac{1}{12}(-f_{i-1} + 7f_i + 7f_{i+1} - f_{i+2})$$
$$+ \sum_{l=1}^5 \begin{bmatrix} -\Pi_N(R_l^{-1}\Delta f_{i-3/2}^{s,+}, R_l^{-1}\Delta f_{i-1/2}^{s,+}, R_l^{-1}\Delta f_{i+1/2}^{s,+}, R_l^{-1}\Delta f_{i+3/2}^{s,+}) \\ +\Pi_N(R_l^{-1}\Delta f_{i+5/2}^{s,-}, R_l^{-1}\Delta f_{i+3/2}^{s,-}, R_l^{-1}\Delta f_{i+1/2}^{s,-}, R_l^{-1}\Delta f_{i-1/2}^{s,-}) \end{bmatrix} R_l \tag{2-22}$$

$$\Delta f_{i+1/2}^{l,\pm} = f_{i+1}^{l,\pm} - f_i^{l,\pm} \tag{2-23}$$

$$f_i^{l,\pm} = \frac{1}{2}(f_i^l \pm \lambda_{i,\max}\bar{u}_i^l) \tag{2-24}$$

至此，完成了 N-S 方程 WENO5 格式的重构。对于二维和三维的情况，其拓

展起来并不复杂，这里不再详述。

2. 黏性项离散

黏性通量采用 6 阶中心差分格式离散，对于雷诺数较高的流动，6 阶中心差分格式是完全可行的。对于黏性项，这里采用二阶及混合导数来保持格式的高阶特性。

回到式(2-1)，黏性项的二阶导数可以通过 6 阶精度的 Taylor 展开来表达。

$$\left(\frac{\partial^2 f}{\partial \xi^2}\right)_{i,j} = \frac{\left(\frac{\partial f}{\partial \xi}\right)_{i+1/2,j} - \left(\frac{\partial f}{\partial \xi}\right)_{i-1/2,j}}{\Delta \xi} + o\left(\Delta \xi^6\right) \tag{2-25}$$

则 $\left(\frac{\partial f}{\partial \eta}\right)_{i+1/2,j}$ 和 $\left(\frac{\partial f}{\partial \eta}\right)_{i-1/2,j}$ 可以通过 $(i-3,j)$ 至 $(i+3,j)$ 点的值差分得到

$$\begin{cases} \left(\frac{\partial f}{\partial \xi}\right)_{i+1/2,j} = a_0\left(f_{i+3,j} - f_{i-2,j}\right) + a_1\left(f_{i+2,j} - f_{i-1,j}\right) + a_2\left(f_{i+1,j} - f_{i,j}\right) \\ \left(\frac{\partial f}{\partial \xi}\right)_{i-1/2,j} = a_0\left(f_{i+2,j} - f_{i-3,j}\right) + a_1\left(f_{i+1,j} - f_{i-2,j}\right) + a_2\left(f_{i,j} - f_{i-1,j}\right) \end{cases} \tag{2-26}$$

式中，$a_0 = -1/90$; $a_1 = 25/180$; $a_2 = -245/180$。

考虑混合导数的形式，则

$$\left(\frac{\partial^2 f}{\partial \xi \partial \eta}\right)_{i,j} = \frac{\left(\frac{\partial f}{\partial \eta}\right)_{i+1/2,j} - \left(\frac{\partial f}{\partial \eta}\right)_{i-1/2,j}}{\Delta \xi} + o\left(\Delta \xi^6, \Delta \eta^6\right) \tag{2-27}$$

式中：

$$\begin{cases} \left(\frac{\partial f}{\partial \eta}\right)_{i+1/2,j} = k_0\left[\left(\frac{\partial f}{\partial \eta}\right)_{i-2,j} + \left(\frac{\partial f}{\partial \eta}\right)_{i+3,j}\right] + k_1\left[\left(\frac{\partial f}{\partial \eta}\right)_{i-1,j} + \left(\frac{\partial f}{\partial \eta}\right)_{i+2,j}\right] \\ \qquad\qquad + k_2\left[\left(\frac{\partial f}{\partial \eta}\right)_{i,j} + \left(\frac{\partial f}{\partial \eta}\right)_{i+1,j}\right] \\ \left(\frac{\partial f}{\partial \eta}\right)_{i-1/2,j} = k_0\left[\left(\frac{\partial f}{\partial \eta}\right)_{i+2,j} + \left(\frac{\partial f}{\partial \eta}\right)_{i-3,j}\right] + k_1\left[\left(\frac{\partial f}{\partial \eta}\right)_{i+1,j} + \left(\frac{\partial f}{\partial \eta}\right)_{i-2,j}\right] \\ \qquad\qquad + k_2\left[\left(\frac{\partial f}{\partial \eta}\right)_{i,j} + \left(\frac{\partial f}{\partial \eta}\right)_{i-1,j}\right] \end{cases} \tag{2-28}$$

这里一阶导数可以采用如下插值方式得到。

$$\left(\frac{\partial f}{\partial \eta}\right)_{i,j} = \frac{f_{i,j+1/2} - f_{i,j-1/2}}{\Delta \eta} + o\left(\Delta \eta^6\right) \tag{2-29}$$

式中

$$f_{i,j+1/2} = k_0\left(f_{i,j-2} + f_{i,j+3}\right) + k_1\left(f_{i,j-1} + f_{i,j+2}\right) + k_2\left(f_{i,j} + f_{i,j+1}\right) \tag{2-30}$$

其中，$k_0=1/60$; $k_1=-2/15$; $k_2=37/60$。

至此，完成了程序中 6 阶中心差分格式的推导和重构。

3. 时间项推进

对于时间项，采用 3 阶精度具有 TVD 性质的 Runge-Kutta 方法进行离散。

$$\begin{cases} U_A = U^n + \Delta t \mathrm{RHS}(U^n) \\ U_B = \dfrac{3}{4}U^n + \dfrac{3}{4}U_A + \dfrac{1}{4}\Delta t \mathrm{RHS}(U_A) \\ U^{n+1} = \dfrac{1}{3}U^n + \dfrac{2}{3}U_B + \dfrac{2}{3}\Delta t \mathrm{RHS}(U_B) \end{cases} \tag{2-31}$$

当然由于本次开发的程序对于空间项分别采用 5 阶和 6 阶精度的格式进行离散，相应时间项的离散最好也用高精度的格式。但是已有的研究表明：计算的误差主要来源于空间项离散且高阶的时间离散格式会带来计算资源的急剧增加，所以本书依旧选择了 3 阶精度的 Runge-Kutta 方法。实际上，如果时间步长相比于空间步长足够小，时间项离散带来的误差会远远小于空间项离散带来的误差。

2.2.3　并行环境和超算平台

本书的计算是基于消息传递接口(message passing interface, MPI)的大规模并行计算来实现的。MPI 是消息传递并行程序设计的标准之一。本书开发的程序基于 OpenMP 来实现并行。OpenMP 首先由 OpenMP Architecture Review Board 牵头提出，作为共享存储的标准。OpenMP 问世后就得到了广泛的应用。

数值仿真工作依托于广州"天河二号"超级计算机平台进行程序的开发、调试、验证及大规模应用。"天河二号"拥有 17920 个计算节点，每个节点配备两颗 Xeon E5 系列 12 核心的中央处理器、三个 Xeon Phi 57 核心的协处理器(运算加速卡)，总内存容量约为 1.4PB，储存容量约为 12.4PB。"天河二号"峰值计算速度达到 5.49 亿次/s，持续计算速度为 3.39 亿次/s。充足的计算资源和高保障的计算效率为本书研究的开展提供了重要保障。

2.2.4　格式验证与分析

为了验证本书发展的计算方法对激波捕捉及湍流描述的能力，评估其计算的稳定性，本小节利用开发的程序对一些经典算例进行计算分析。采用的三个验证算例分别为一维 Sod 激波管问题、双马赫反射问题以及激波混合层干扰问题。

1. 一维 Sod 激波管问题

假设一个无限长的管道在其内部中间被一个薄膜隔开，薄膜左侧为高压段，充有高压气体，称为驱动气体；薄膜右侧是低压段，充有低压的被驱动气体。薄膜瞬间破裂后，有一个左行的膨胀波进入高压气体，同时一个右行的激波进入低压气体，形成一个经典的一维激波管问题。这里，采用 Sod 激波管问题来对格式进行验证。Sod 激波管问题的初始条件为

$$(\rho, u, p) = (1, 0, 1)，\qquad -5 < x < 0 \tag{2-32}$$

$$(\rho, u, p) = (0.125, 0, 0.1)，\qquad 0 \leqslant x < 5 \tag{2-33}$$

采用 200 个网格点对空间进行离散，图 2-5 展示时间 t=2.0 的密度分布结果，其中图 2-5(b)为间断处的局部放大结果。此外，图 2-6 给出 Sod 激波管问题的速度和压力的计算与理论解的对比。可以发现，本书程序能够实现对激波和间断的精确捕捉，同时对间断的抹平效应较小。

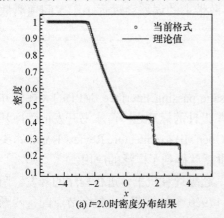
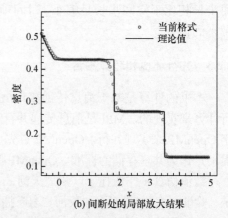

(a) t=2.0时密度分布结果　　　　　　　　(b) 间断处的局部放大结果

图 2-5　Sod 激波管问题计算结果与理论解密度分布对比

2. 双马赫反射问题

双马赫反射问题是测试高精度计算格式的经典算例，这里对计算的物理模型

进行一个简要说明：流场的计算域为[0,4]×[0,1]，初始时刻在流场下边界 x=1/6 处有一道与下边界成 60°的激波。波前的流动参数是 $\rho=\gamma=1.4$、$u=v=0$、$p=1$，波后的流动状态是 Ma=10 的均匀来流。在下边界 1/6<x<4 处为反射边界条件，上边界激波后为实际来流条件，右边界为出口边界条件。本书采用 3 套不同规模的网格来计算。

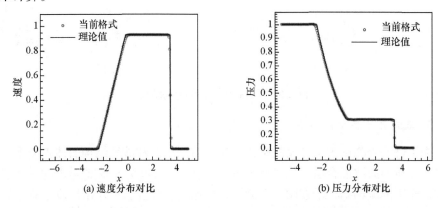

图 2-6　Sod 激波管问题计算结果与理论解速度和压力分布对比

图 2-7 给出采用 4 套不同均匀网格(480×120、960×240、1920×480、2880×720)计算得到的 t=0.2 时刻的密度分布结果，显示的区域为[0,3]×[0,1]。为了更细致地展示流场中的双马赫反射和精细结构，图 2-8 给出[2, 2.8]×[0, 0.55]区域内马赫杆附近流场的放大图像。从该图像中可以看出，本书发展的高精度计算格式能够实现对流场结构的精确捕捉，同时随着计算网格量的增多，可以清晰地看到滑移线附近结构的卷起。

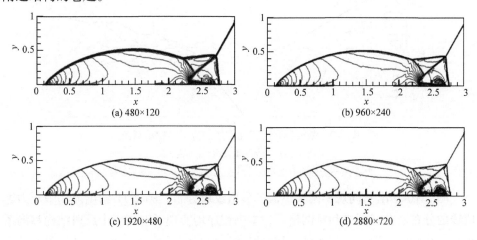

图 2-7　双马赫反射数值模拟结果

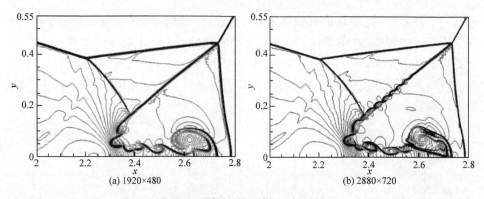

图 2-8　马赫杆附近精细流场结构

3. 激波混合层干扰问题

为了进一步测试本书开发的格式对流场精细结构和波系结构的捕捉能力，本书选择经典的激波混合层干扰算例来进行验证。图 2-9 为文献[5]给出的激波混合层相互作用的流场结构示意图。斜激波入射流场后和混合层作用形成带有小激波的复杂流场结构。其计算区域为[0, 200]×[0, 40]，来流参数和边界条件的设置可以参考文献[5]。上下两层来流马赫数分别为 5.6250 和 1.7647，斜激波后的流动马赫数为 5.2956。本次测试中，选取两种规模的网格(720×120 和 1440×240)进行计算，x 方向网格均匀分布，y 方向的网格是两侧向中间逐渐加密。

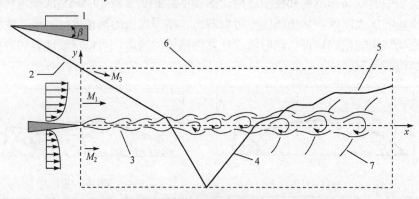

图 2-9　激波混合层相互作用的流场结构示意图

1-激波发生器；2-入射激波结构；3-混合层；
4-反射激波结构；5-传播激波结构；6-计算区域；7-小激波结构

图 2-10 给出不同规模网格下流场数值纹影分布。图 2-11 给出流场中压力等值线的分布。在粗网格和密网格下，本书程序均实现了对流场中反射结构和涡系小激波结构的捕捉，同时涡结构和反射激波相互作用形成的膨胀扇结构也在计算结果中得到精确体现。

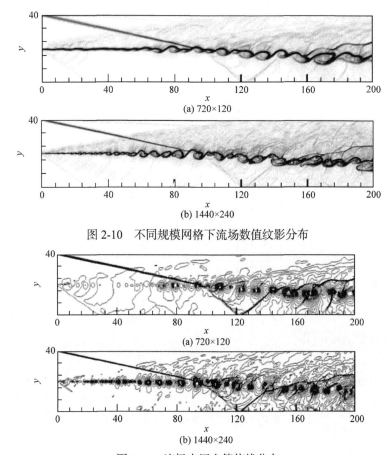

图 2-10　不同规模网格下流场数值纹影分布

图 2-11　流场中压力等值线分布

参 考 文 献

[1] 赵玉新. 超声速混合层时空结构的实验研究[D]. 长沙: 国防科学技术大学, 2008.

[2] 赵玉新, 易仕和, 何霖, 等. 激波与湍流相互作用的实验研究[J]. 科学通报, 2007, 52(2): 140-143.

[3] Liu X D, Osher S, Chan T. Weighted essentially non-oscillatory schemes[J]. Journal of Computational Physics, 1994, 115(1): 200-212.

[4] Jiang G S, Shu C W. Efficient implementation of weighted ENO schemes[J]. Journal of Computational Physics, 1996, 126: 202-228.

[5] Chaudhuri A, Hadjadj A, Chinnayya A. Numerical study of compressible mixing layers using high-order WENO schemes[J]. Journal of Scientific Computing, 2010, 47(2): 170-197.

知识拓展：雅可比矩阵变换在程序中的应用

　　为了将物理区域的量转换到计算区域，在程序中采用雅可比矩阵变换 $\boldsymbol{J}$ 来实现。对于方程(2-1)有

$$\begin{bmatrix} \dfrac{\partial}{\partial t} \\ \dfrac{\partial}{\partial x} \\ \dfrac{\partial}{\partial y} \\ \dfrac{\partial}{\partial z} \end{bmatrix} = \begin{bmatrix} 1 & 0 & 0 & 0 \\ 0 & \xi_x & \eta_x & \zeta_x \\ 0 & \xi_y & \eta_y & \zeta_y \\ 0 & \xi_z & \eta_z & \zeta_z \end{bmatrix} \begin{bmatrix} \dfrac{\partial}{\partial \tau} \\ \dfrac{\partial}{\partial \xi} \\ \dfrac{\partial}{\partial \eta} \\ \dfrac{\partial}{\partial \zeta} \end{bmatrix} \tag{A-1}$$

$$\begin{bmatrix} \dfrac{\partial}{\partial \tau} \\ \dfrac{\partial}{\partial \xi} \\ \dfrac{\partial}{\partial \eta} \\ \dfrac{\partial}{\partial \zeta} \end{bmatrix} = \begin{bmatrix} 1 & 0 & 0 & 0 \\ 0 & x_\xi & x_\eta & x_\zeta \\ 0 & y_\xi & y_\eta & y_\zeta \\ 0 & z_\xi & z_\eta & z_\zeta \end{bmatrix} \begin{bmatrix} \dfrac{\partial}{\partial t} \\ \dfrac{\partial}{\partial x} \\ \dfrac{\partial}{\partial y} \\ \dfrac{\partial}{\partial z} \end{bmatrix} \tag{A-2}$$

求解方程(A-2)可得

$$\begin{bmatrix} \dfrac{\partial}{\partial t} \\ \dfrac{\partial}{\partial x} \\ \dfrac{\partial}{\partial y} \\ \dfrac{\partial}{\partial z} \end{bmatrix} = |\boldsymbol{J}|^{-1} \begin{bmatrix} |\boldsymbol{J}| & 0 & 0 & 0 \\ 0 & y_\eta z_\zeta - y_\zeta z_\eta & y_\zeta z_\xi - y_\xi z_\zeta & y_\xi z_\eta - y_\eta z_\xi \\ 0 & x_\zeta z_\eta - x_\eta z_\zeta & x_\xi z_\zeta - x_\zeta z_\xi & x_\eta z_\xi - x_\xi x_\xi \\ 0 & x_\eta y_\zeta - x_\zeta y_\eta & x_\zeta y_\xi - x_\xi y_\zeta z_\eta & x_\xi y_\eta - x_\eta y_\xi \end{bmatrix} \begin{bmatrix} \dfrac{\partial}{\partial \tau} \\ \dfrac{\partial}{\partial \xi} \\ \dfrac{\partial}{\partial \eta} \\ \dfrac{\partial}{\partial \zeta} \end{bmatrix} \tag{A-3}$$

式中，雅可比矩阵 $\boldsymbol{J}$ 由式(A-4)求得

$$|\boldsymbol{J}| = x_\xi y_\eta z_\zeta + x_\eta y_\zeta z_\xi + y_\xi z_\eta x_\zeta - x_\zeta y_\eta z_\xi - x_\eta y_\xi z_\zeta - x_\xi y_\zeta y_\zeta \tag{A-4}$$

回到方程(A-1)和(A-2)，可以将其看成 $a = Mf$ 和 $f = Na$ 的形式，则可得矩阵变换：$\boldsymbol{M} = \boldsymbol{N}^{-1}$。由此，可以求出 ξ_x、ξ_y、ξ_z、η_x、η_y、η_z、ζ_x、ζ_y、ζ_z，则方程(2-1)经雅可比矩阵变换后可写成

$$\frac{\partial}{\partial \tau}(JU) + \frac{\partial}{\partial \xi}\left(F\xi_x + G\xi_y + H\xi_z\right) + \frac{\partial}{\partial \eta}\left(F\eta_x + G\eta_y + H\eta_z\right) + \frac{\partial}{\partial \zeta}\left(F\zeta_x + G\zeta_y + H\zeta_z\right)$$

$$= \frac{\partial}{\partial \xi}\left(F^v\xi_x + G^v\xi_y + H^v\xi_z\right) + \frac{\partial}{\partial \eta}\left(F^v\eta_x + G^v\eta_y + H^v\eta_z\right) + \frac{\partial}{\partial \zeta}\left(F^v\zeta_x + G^v\zeta_y + H^v\zeta_z\right)$$

$$\tag{A-5}$$

基于雅可比矩阵变换后的对流项 $F(U)$、$G(U)$、$H(U)$可分别表示为

$$F(U) = J\begin{bmatrix} \rho\left(u\xi_x + v\xi_y + w\xi_z\right) \\ \rho\left(u\xi_x + v\xi_y + w\xi_z\right)u + \xi_x p\Lambda \\ \rho\left(u\xi_x + v\xi_y + w\xi_z\right)v + \xi_y p\Lambda \\ \rho\left(u\xi_x + v\xi_y + w\xi_z\right)w + \xi_z p\Lambda \\ \rho\left(u\xi_x + v\xi_y + w\xi_z\right)\left(e + \dfrac{p}{\rho}\Lambda\right) \end{bmatrix} = J\begin{bmatrix} \rho\beta_x \\ \rho\beta_x u + \xi_x p\Lambda \\ \rho\beta_x v + \xi_y p\Lambda \\ \rho\beta_x w + \xi_z p\Lambda \\ \rho\beta_x\left(e + \dfrac{p}{\rho}\Lambda\right) \end{bmatrix} \tag{A-6}$$

$$G(U) = J\begin{bmatrix} \rho\left(u\eta_x + v\eta_y + w\eta_z\right) \\ \rho\left(u\eta_x + v\eta_y + w\eta_z\right)u + \eta_x p\Lambda \\ \rho\left(u\eta_x + v\eta_y + w\eta_z\right)v + \eta_y p\Lambda \\ \rho\left(u\eta_x + v\eta_y + w\eta_z\right)w + \eta_z p\Lambda \\ \rho\left(u\eta_x + v\eta_y + w\eta_z\right)\left(e + \dfrac{p}{\rho}\Lambda\right) \end{bmatrix} = J\begin{bmatrix} \rho\beta_y \\ \rho\beta_y u + \eta_x p\Lambda \\ \rho\beta_y v + \eta_y p\Lambda \\ \rho\beta_y w + \eta_z p\Lambda \\ \rho\beta_y\left(e + \dfrac{p}{\rho}\Lambda\right) \end{bmatrix} \tag{A-7}$$

$$H(U) = J\begin{bmatrix} \rho\left(u\zeta_x + v\zeta_y + w\zeta_z\right) \\ \rho\left(u\zeta_x + v\zeta_y + w\zeta_z\right)u + \zeta_x p\Lambda \\ \rho\left(u\zeta_x + v\zeta_y + w\zeta_z\right)v + \zeta_y p\Lambda \\ \rho\left(u\zeta_x + v\zeta_y + w\zeta_z\right)w + \zeta_z p\Lambda \\ \rho\left(u\zeta_x + v\zeta_y + w\zeta_z\right)\left(e + \dfrac{p}{\rho}\Lambda\right) \end{bmatrix} = J\begin{bmatrix} \rho\beta_z \\ \rho\beta_z u + \zeta_x p\Lambda \\ \rho\beta_z v + \zeta_y p\Lambda \\ \rho\beta_z w + \zeta_z p\Lambda \\ \rho\beta_z\left(e + \dfrac{p}{\rho}\Lambda\right) \end{bmatrix} \tag{A-8}$$

式中：

$$\beta_x = u\xi_x + v\xi_y + w\xi_z, \quad \beta_y = u\eta_x + v\eta_y + w\eta_z, \quad \beta_z = u\zeta_x + v\zeta_y + w\zeta_z \tag{A-9}$$

则 u、v、w 可分别表示为

$$u = \frac{\beta_x(\eta_y\zeta_z - \eta_z\zeta_y) + \beta_y(\xi_z\zeta_y - \xi_y\zeta_z) + \beta_z(\xi_y\eta_z - \eta_y\xi_z)}{\xi_x(\eta_y\zeta_z - \eta_z\zeta_y) + \xi_y(\zeta_x\eta_z - \eta_x\zeta_z) + \xi_z(\eta_x\zeta_y - \zeta_x\eta_y)} \tag{A-10}$$

$$v = -\frac{\beta_x(\eta_x\zeta_z - \eta_z\zeta_x) + \beta_y(\xi_z\zeta_x - \xi_x\zeta_z) + \beta_z(\xi_x\eta_z - \eta_x\xi_z)}{\xi_x(\eta_y\zeta_z - \eta_z\zeta_y) + \xi_y(\zeta_x\eta_z - \eta_x\zeta_z) + \xi_z(\eta_x\zeta_y - \zeta_x\eta_y)} \tag{A-11}$$

$$w = \frac{\beta_x(\eta_x\zeta_y - \eta_y\zeta_x) + \beta_y(\xi_y\zeta_x - \xi_x\zeta_y) + \beta_z(\xi_x\eta_y - \eta_x\xi_y)}{\xi_x(\eta_y\zeta_z - \eta_z\zeta_y) + \xi_y(\zeta_x\eta_z - \eta_x\zeta_z) + \xi_z(\eta_x\zeta_y - \zeta_x\eta_y)} \tag{A-12}$$

基于雅可比矩阵变换后的黏性项 $F^v(U)$、$G^v(U)$、$H^v(U)$ 可分别表示为

$$F^v(\boldsymbol{U}) = \begin{bmatrix} 0 \\ \varUpsilon \boldsymbol{J}\left(\xi_x\tau_{xx} + \xi_y\tau_{xy} + \xi_z\tau_{xz}\right) \\ \varUpsilon \boldsymbol{J}\left(\xi_x\tau_{xy} + \xi_y\tau_{yy} + \xi_z\tau_{yz}\right) \\ \varUpsilon \boldsymbol{J}\left(\xi_x\tau_{xz} + \xi_y\tau_{yz} + \xi_z\tau_{zz}\right) \\ \boldsymbol{J}\left\{\varUpsilon\begin{bmatrix} u\left(\xi_x\tau_{xx} + \xi_y\tau_{xy} + \xi_z\tau_{xz}\right) \\ +v\left(\xi_x\tau_{xy} + \xi_y\tau_{yy} + \xi_z\tau_{yz}\right) \\ +w\left(\xi_x\tau_{xz} + \xi_y\tau_{yz} + \xi_z\tau_{zz}\right) \end{bmatrix} - \varGamma\left(\xi_x I_x + \xi_y I_y + \xi_z I_z\right)\right\} \end{bmatrix} \tag{A-13}$$

$$G^v(\boldsymbol{U}) = \begin{bmatrix} 0 \\ \varUpsilon \boldsymbol{J}\left(\eta_x\tau_{xx} + \eta_y\tau_{xy} + \eta_z\tau_{xz}\right) \\ \varUpsilon \boldsymbol{J}\left(\eta_x\tau_{xy} + \eta_y\tau_{yy} + \eta_z\tau_{yz}\right) \\ \varUpsilon \boldsymbol{J}\left(\eta_x\tau_{xz} + \eta_y\tau_{yz} + \eta_z\tau_{zz}\right) \\ \boldsymbol{J}\left\{\varUpsilon\begin{bmatrix} u\left(\eta_x\tau_{xx} + \eta_y\tau_{xy} + \eta_z\tau_{xz}\right) \\ +v\left(\eta_x\tau_{xy} + \eta_y\tau_{yy} + \eta_z\tau_{yz}\right) \\ +w\left(\eta_x\tau_{xz} + \eta_y\tau_{yz} + \eta_z\tau_{zz}\right) \end{bmatrix} - \varGamma\left(\eta_x I_x + \eta_y I_y + \eta_z I_z\right)\right\} \end{bmatrix} \tag{A-14}$$

$$H^v(\boldsymbol{U}) = \begin{bmatrix} 0 \\ \varUpsilon \boldsymbol{J}\left(\zeta_x\tau_{xx} + \zeta_y\tau_{xy} + \zeta_z\tau_{xz}\right) \\ \varUpsilon \boldsymbol{J}\left(\zeta_x\tau_{xy} + \zeta_y\tau_{yy} + \zeta_z\tau_{yz}\right) \\ \varUpsilon \boldsymbol{J}\left(\zeta_x\tau_{xz} + \zeta_y\tau_{yz} + \zeta_z\tau_{zz}\right) \\ \boldsymbol{J}\left\{\varUpsilon\begin{bmatrix} u\left(\zeta_x\tau_{xx} + \zeta_y\tau_{xy} + \zeta_z\tau_{xz}\right) \\ +v\left(\zeta_x\tau_{xy} + \zeta_y\tau_{yy} + \zeta_z\tau_{yz}\right) \\ +w\left(\zeta_x\tau_{xz} + \zeta_y\tau_{yz} + \zeta_z\tau_{zz}\right) \end{bmatrix} - \varGamma\left(\zeta_x I_x + \zeta_y I_y + \zeta_z I_z\right)\right\} \end{bmatrix} \tag{A-15}$$

其中：

$$I_x = -\lambda\left(\xi_x\frac{\partial T}{\partial \xi} + \eta_x\frac{\partial T}{\partial \eta} + \zeta_x\frac{\partial T}{\partial \zeta}\right) \tag{A-16}$$

$$I_y = -\lambda\left(\xi_y\frac{\partial T}{\partial \xi} + \eta_y\frac{\partial T}{\partial \eta} + \zeta_y\frac{\partial T}{\partial \zeta}\right) \tag{A-17}$$

$$I_z = -\lambda\left(\xi_z\frac{\partial T}{\partial \xi} + \eta_z\frac{\partial T}{\partial \eta} + \zeta_z\frac{\partial T}{\partial \zeta}\right) \tag{A-18}$$

式(A-13)~式(A-15)中的雷诺应力项经雅可比矩阵变换后可表示为

$$\tau_{xx} = \mu \left[\begin{array}{l} \dfrac{4}{3}\left(\xi_x \dfrac{\partial u}{\partial \xi} + \eta_x \dfrac{\partial u}{\partial \eta} + \zeta_x \dfrac{\partial u}{\partial \zeta} \right) \\ -\dfrac{2}{3}\left(\xi_y \dfrac{\partial v}{\partial \xi} + \eta_y \dfrac{\partial v}{\partial \eta} + \zeta_y \dfrac{\partial v}{\partial \zeta} \right) - \dfrac{2}{3}\left(\xi_z \dfrac{\partial w}{\partial \xi} + \eta_z \dfrac{\partial w}{\partial \eta} + \zeta_z \dfrac{\partial w}{\partial \zeta} \right) \end{array} \right] \tag{A-19}$$

$$\tau_{yy} = \mu \left[\begin{array}{l} \dfrac{4}{3}\left(\xi_y \dfrac{\partial v}{\partial \xi} + \eta_y \dfrac{\partial v}{\partial \eta} + \zeta_y \dfrac{\partial v}{\partial \zeta} \right) \\ -\dfrac{2}{3}\left(\xi_x \dfrac{\partial u}{\partial \xi} + \eta_x \dfrac{\partial u}{\partial \eta} + \zeta_x \dfrac{\partial u}{\partial \zeta} \right) - \dfrac{2}{3}\left(\xi_z \dfrac{\partial w}{\partial \xi} + \eta_z \dfrac{\partial w}{\partial \eta} + \zeta_z \dfrac{\partial w}{\partial \zeta} \right) \end{array} \right] \tag{A-20}$$

$$\tau_{zz} = \mu \left[\begin{array}{l} \dfrac{4}{3}\left(\xi_z \dfrac{\partial w}{\partial \xi} + \eta_z \dfrac{\partial w}{\partial \eta} + \zeta_z \dfrac{\partial w}{\partial \zeta} \right) \\ -\dfrac{2}{3}\left(\xi_x \dfrac{\partial u}{\partial \xi} + \eta_x \dfrac{\partial u}{\partial \eta} + \zeta_x \dfrac{\partial u}{\partial \zeta} \right) - \dfrac{2}{3}\left(\xi_y \dfrac{\partial v}{\partial \xi} + \eta_y \dfrac{\partial v}{\partial \eta} + \zeta_y \dfrac{\partial v}{\partial \zeta} \right) \end{array} \right] \tag{A-21}$$

$$\tau_{xy} = \mu \left[\left(\xi_y \dfrac{\partial u}{\partial \xi} + \eta_y \dfrac{\partial u}{\partial \eta} + \zeta_y \dfrac{\partial u}{\partial \zeta} \right) + \left(\xi_x \dfrac{\partial v}{\partial \xi} + \eta_x \dfrac{\partial v}{\partial \eta} + \zeta_x \dfrac{\partial v}{\partial \zeta} \right) \right] \tag{A-22}$$

$$\tau_{xz} = \mu \left[\left(\xi_z \dfrac{\partial u}{\partial \xi} + \eta_z \dfrac{\partial u}{\partial \eta} + \zeta_z \dfrac{\partial u}{\partial \zeta} \right) + \left(\xi_x \dfrac{\partial w}{\partial \xi} + \eta_x \dfrac{\partial w}{\partial \eta} + \zeta_x \dfrac{\partial w}{\partial \zeta} \right) \right] \tag{A-23}$$

$$\tau_{yz} = \mu \left[\left(\xi_y \dfrac{\partial w}{\partial \xi} + \eta_y \dfrac{\partial w}{\partial \eta} + \zeta_y \dfrac{\partial w}{\partial \zeta} \right) + \left(\xi_z \dfrac{\partial v}{\partial \xi} + \eta_z \dfrac{\partial v}{\partial \eta} + \zeta_z \dfrac{\partial v}{\partial \zeta} \right) \right] \tag{A-24}$$

第3章 超声速混合层结构和流动特性

超声速混合层按照压缩性的强弱可分为弱可压混合层($Mc<0.4$)、中等可压混合层($0.4<Mc<0.8$)及强可压混合层($Mc>0.8$)。对于弱可压混合层，流动的不稳定由二维不稳定波主导，混合层在初始 K-H 不稳定作用下，卷起的涡结构呈现二维特性。这些规则的拟序涡结构的配对与合并是混合层增长的主要原因。在中等可压混合层中，流动的三维不稳定逐渐显现且在混合层向下游演化过程中与二维不稳定相互竞争。在强可压混合层中，不稳定波完全被三维不稳定主导，流场呈现强烈的三维特性，在弱可压和中等可压条件下出现的二维拟序涡结构在强可压条件下不再出现。同时，具有强烈三维特性的涡结构在流场中也很难被识别和捕捉。对于超声速混合层的流动过程，主要关注的就是流场中典型结构的发展和演化特性。涡结构是流动中质量、动量和能量的重要载体，研究涡结构的运动特性有助于理解流动发展的本质特征。

本章分别对弱可压混合层和强可压混合层的流动机理和增长特性进行研究。对于弱可压混合层，借助流场测量和可视化技术来开展试验工作。国内外学者在弱可压混合层的数值模拟方面已经做了大量的研究工作，因此本书并没有开展弱可压混合层的数值仿真工作。此外，风洞试验设备只能开展 $Mc<0.6$ 流动的研究，因此对于强可压混合层($Mc=1.0$)，本书采用开发的高精度数值计算程序来实现对流动的直接数值模拟。

3.1 弱可压混合层流场特性

3.1.1 流场校测

试验喷管的设计马赫数为 2.0 和 3.0，实际上加工精度以及安装调试不可避免地会存在一定的误差，因此采用正激波关系式对流场的实际马赫数进行校测。正激波前后的总压满足

$$\frac{P_{02}}{P_{01}} = \frac{\left(\dfrac{\dfrac{\gamma+1}{2}Ma^2}{1+\dfrac{\gamma-1}{2}Ma^2}\right)^{\frac{\gamma}{\gamma-1}}}{\left(\dfrac{2\gamma}{\gamma+1}Ma^2 - \dfrac{\gamma-1}{\gamma+1}\right)^{\frac{1}{\gamma-1}}} \tag{3-1}$$

式中，γ 是比热比，对于空气 $\gamma = 1.4$；Ma 是喷管出口的实际马赫数；P_{01} 和 P_{02} 分别是正激波前后的总压。对于超声速混合层，正激波的波后总压采用流场中置入的总压耙测得，将测压孔水平置于来流中，使测压孔前方产生正激波，总压耙测得的压力为波后总压。整流段内部的气体速度较低，可认为喷管入口处的压力为正激波前的总压，因此喷管入口处的压力可由喷管前缘的壁面静压孔测得。图 3-1 为流场校测时采用高频压力传感器采集的上下两层来流的压力信号分布。在风洞运行时，上下两层来流激波前后总压分别稳定在 26.4kPa 和 19.2kPa、99.1kPa 和 37.3kPa，由此通过迭代法得到上下来流的实际马赫数分别为 1.98 和 2.84。

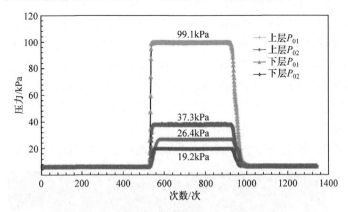

图 3-1　压力信号分布

喷管出口的静压和静温通过等熵关系式给出。

$$\frac{P_{01}}{P_s} = \left(1 + \frac{\gamma - 1}{2} Ma^2\right)^{\frac{\gamma}{\gamma - 1}} \tag{3-2}$$

$$\frac{T_0}{T_s} = 1 + \frac{\gamma - 1}{2} Ma^2 \tag{3-3}$$

式中，P_s 和 T_s 分别是喷管出口的静压和静温；T_0 是来流总温，其值为大气温度 300K。采用声速关系式 $a = \sqrt{\gamma RT}$，求得上下两层来流的当地声速，进而求得混合层的对流马赫数。超声速吸气式混合层风洞流场校测参数如表 3-1 所示。

表 3-1　超声速吸气式混合层风洞流场校测参数

Ma	$U/(m/s)$	Mc	P_{01}/kPa	P_s/kPa	T_0/K	T_s/K
1.98	514	0.2	26.4	3.48	300	168
2.84	610		99.1	3.44	300	115

3.1.2 流场结构显示

图 3-2(a)为平板混合层流场下游的精细结构图像。在初始 K-H 不稳定作用下，混合层在经过一小段波动后迅速卷起形成 K-H 涡结构，并且涡结构卷起的方向为逆时针向来流方向倾斜，这由下层来流速度大于上层来流速度所致。K-H 涡结构在向下游发展演化过程中出现多次配对与合并现象，这与前人在低速不可压流动中观测到的 K-H 涡结构的配对与合并现象相同，证实了这种大尺度拟序涡结构在超声速混合过程中依然存在。在流向 $x=60\text{mm}$ 处，流动进入转捩区，K-H 涡结构开始破碎。在 $x=80\text{mm}$ 处破碎过程完成，之后流动进入完全湍流区，流动在这个阶段受小尺度涡结构的脉动控制。在平板混合层涡卷起阶段，一系列小激波结构从大尺度 K-H 涡结构的涡源处产生，并且在远场处偏转，形成类似于弓形激波的结构。前人研究指出，小激波结构一般出现在高对流马赫数的混合层流动中，其原理在于 K-H 涡结构前的超声速气流被涡面压缩从而形成激波结构[1]。而本次研究证实了低对流马赫数流动中也可能出现小激波结构，其产生的机理将在 3.1.3 节进行分析。值得注意的是，这种小激波结构的出现对于流动的混合是无益的，其原因在于涡结构之间出现的小激波使得两股来流的相互对流过程不再是等熵过程。

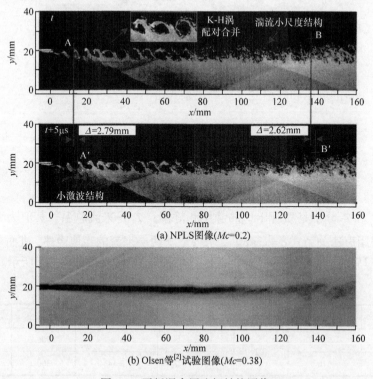

(a) NPLS图像(Mc=0.2)

(b) Olsen等[2]试验图像(Mc=0.38)

图 3-2　平板混合层流场结构图像

波后的总压减小，从而导致流动的总能量损失。图 3-2(b)为 Olsen 等[2]研究的对流马赫数为 0.38 的混合层流场图像，可以发现，相比于本次研究的对流马赫数为 0.2 的流动，对流马赫数的提高导致混合层的增长率受到显著抑制。

此外，图 3-2(a)中上下两幅图的互相关时间为 5μs，涡结构 A 和 B 在 5μs 时间间隔内分别向下游运动了 2.79mm 和 2.62mm，然而其自身形状变化并不明显，证实了超声速混合层"快运动慢变化"的特点。计算可得涡结构 A 和 B 的速度分别为 558m/s 和 524m/s。超声速混合层初始位置处对流速度的计算公式为

$$U_c = \frac{a_2 U_1 + a_1 U_2}{a_1 + a_2} \tag{3-4}$$

式中，a_1 和 a_2 分别是高速层和低速层声速；U_1 和 U_2 分别是高速层和低速层的速度。由前面讨论可知，$a_1 = 215\text{m/s}$、$a_2 = 260\text{m/s}$、$U_1 = 610\text{m/s}$、$U_2 = 514\text{m/s}$。计算可得初始混合层位置处的理论对流速度 $U_c = 567\text{m/s}$，与试验值 558m/s 相对误差在 2%之内，基本相符。同时，位于流动远场位置处的涡结构 B 的运动速度有所变慢，这一方面是由于远场处流动的三维特性明显，涡结构的横向运动加剧；另一方面是由流场中存在的各种波系结构导致流动的能量有所损失。

3.1.3　小激波结构

在超声速混合层中，涡结构周围的小激波结构在过去的研究中有过报道。然而大部分小激波结构都出现在强可压混合层中($Mc>0.6$)。在过去的研究中，对于二维混合层，小激波结构只有在 $Mc>0.7$ 时才会出现；而对于三维混合层，直到 $Mc=1.2$ 时才会出现小激波结构。在本书试验研究中，尽管对流马赫数 $Mc=0.2$，仍然观察到大尺度拟序结构周围伴随的小激波结构，如图 3-3(a)所示。图 3-3(b)同时给出 Rossmann 等[3]在其研究中发现的小激波结构($Mc=1.7$)。可以发现，小激波的产生和大尺度涡结构有很大关系，并且在混合层发展为完全湍流的区域并没有发现小激波结构。

基于小激波的生成机理，小激波的形式可以分为单个涡诱导激波、钝头体激波以及对向旋转涡诱导激波。图 3-4 给出本书研究中小激波产生机理示意图。当流动处于超声速状态时，主流速度和涡结构的对流速度之差存在一个超过当地声速的点。卷起的涡结构倾向于插入主流中，这些涡结构在当地扮演钝头体扰动的角色，导致流场中出现弯曲的弓形小激波结构。

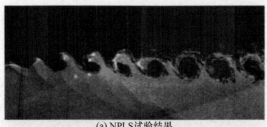

(a) NPLS试验结果

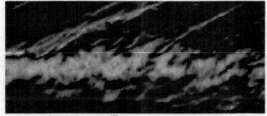

(b) Rossmann等[3]研究中发现的小激波结构

图 3-3 　流场中小激波结构

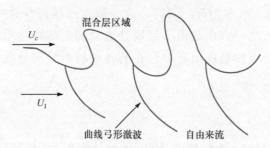

图 3-4 　混合层中小激波产生机理示意图

在 Rossmann 等[3]的试验中,从纹影图片中可以看到流动转捩区出现的小激波和当地的流场结构相互作用,可以有效地加剧涡结构的破碎并显著地增强流场的三维特性。然而在本次研究中,在转捩区域卷起的涡结构有规则地排列并且其形状保持得很好,这表明小激波的出现并没有对涡结构的演化产生显著影响。

本书在 Mc=0.2 的弱可压混合层中发现了小激波结构,也是文献有报道以来最低的对流马赫数条件。一个可能的原因如下:NPLS 流场观测技术具有高时空分辨率,能够观测到流场的精细结构。相比之下,之前研究人员采用的纹影技术及平面米氏散射技术对于流场瞬态精细结构的捕捉效果不如 NPLS 系统。高信噪比、高时空分辨率的流场图像是观测到小激波结构的前提。

3.1.4 速度场分析

图 3-5(a)为超声速混合层转捩区域瞬态速度场结构,流动从左向右发展。在速度矢量场中,采用主流速度减去对流速度的方式获得流场中的结构。和前人在不

可压低速混合层中观测到的流动结构相似，这里可以看到三个卷起的大尺度 K-H 涡结构(分别为 A_1、A_2 和 A_3)，同时，结构的涡辫和涡核也在流场中被捕捉。

在不可压混合层中，相邻涡结构之间的配对和合并是混合层增长的重要机理。在本次对弱可压混合层的研究中，这种混合层增长方式也得以体现。从图 3-5(a) 中可以看出，两个相邻的涡结构 A_1 和 A_2 已经处于配对的过程中，且它们之间的滞止区域已经消失。由此可以推断，随着流场向下游发展，涡结构 A_3 正是由 A_1 和 A_2 合并而成的。

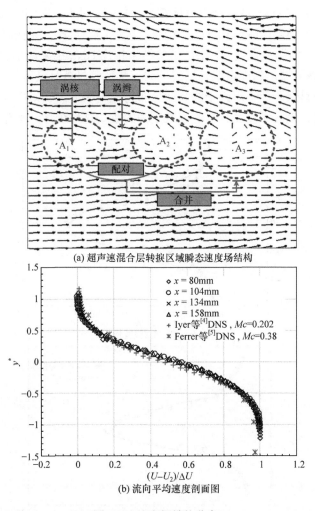

(a) 超声速混合层转捩区域瞬态速度场结构

(b) 流向平均速度剖面图

图 3-5　速度场结构分布

为了研究流场的自相似特性，本书关注完全湍流发展阶段的速度场结构。图 3-5(b)给出试验中流向不同位置 x=80mm、104mm、134mm 和 158mm 处的速度场分布。很显然，由于湍流已经充分发展，速度场的剖面呈现出类似低速混合层中的 erf 函数特性。此外，图 3-5(b)中给出近几年的直接数值模拟结果来进行对比，发现在弱可压条件下具有较好的一致性。

3.1.5　湍流强度特性

图 3-6 给出流向湍流强度和雷诺剪切应力在湍流自相似区域的分布，该结果通过对 PIV 获得的速度场进行后处理得到。与 Wang 等[6]的 DNS 数据对比表明，本书的试验结果和 DNS 计算结果总体符合得较好。对于流向湍流强度分布，在混合层核心区湍流强度的峰值和 DNS 结果有较好的一致性。而在混合层的外部边缘区域，对于流向湍流强度，本书的试验结果相比 DNS 结果偏小。实际上前人的研究指出,在该区域内超声速混合层流场的三维特性显著且具有较强的间歇特性,脉动速度的偏斜因子和平坦因子的高斯分布特性不明显。当采用统计分析来研究湍流的特性时，该区域流动数据的收敛更为困难。这种统计分析存在的收敛问题

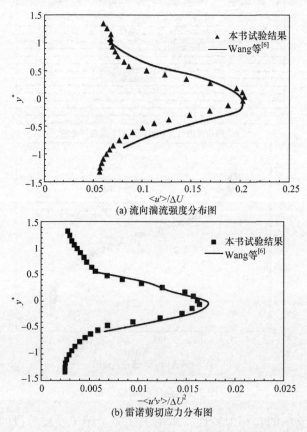

(a) 流向湍流强度分布图

(b) 雷诺剪切应力分布图

图 3-6　流向湍流强度和雷诺剪切应力在湍流自相似区域的分布

是本书试验结果和 DNS 计算数据在该区域存在差别的重要原因。对于雷诺剪切应力，Wang 等[6]DNS 计算的峰值偏大。实际上，对于湍流的计算，计算域的选择尤其是展向计算区域大小的选择对于计算结果有一定的影响，且展向周期性边界条件的选择会致使流动呈现出更强烈的脉动特性。

　　图 3-7 总结学者得到的不同对流马赫数下流向湍流强度的峰值分布。在 $Mc<0.6$ 时，学者获得的峰值变化总体上呈现两方面变化规律。一方面，Goebel 等[7]的研究表明，随着对流马赫数的增长，流向湍流强度的峰值呈现急剧减小的特性，这与本书研究得到的结论相符；另一方面，Lau[8]的研究表明，这种减小的幅度很轻微，且在 $Mc<0.6$ 时流向湍流强度均稳定在 0.17～0.18。当 $Mc>0.6$ 时，学者的研究均表明，流向湍流强度的峰值稳定在某个常数附近。对于 Goebel 等[7]的研究，流向湍流强度峰值稳定在 0.16～0.18；对于 Barre 等[9]的研究，流向湍流强度峰值稳定在 0.14 附近。

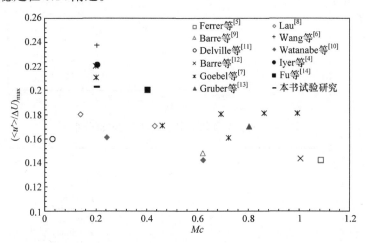

图 3-7　不同对流马赫数下流向湍流强度峰值分布

　　图 3-8 总结学者研究的雷诺剪切应力峰值随对流马赫数变化的情况。本书的试验结果和 Goebel 等[7]的结果符合得较好。当 $Mc<0.6$ 时，Goebel 等[7]的研究表明，雷诺剪切应力峰值随着对流马赫数的增长显著减小；Watanabe 等[10]则认为雷诺剪切应力峰值随对流马赫数的变化较轻微。此外，在 $Mc>0.6$ 时，学者的研究均表明，对流马赫数的变化对雷诺剪切应力峰值的影响甚微且其峰值稳定在0.16 左右。

图 3-9 给出雷诺应力各向异性($<u'>/<v'>$)分布随对流马赫数的变化情况。当 $Mc<0.6$ 时，雷诺应力各向异性值稳定在 1.5 附近；然而当 $Mc>0.6$ 时，雷诺应力各向异性随对流马赫数的变化呈现出两方面趋势：一方面 Goebel 等[7]和 Freund 等[16]的研究表明，对流马赫数的增长会显著提高各向异性值；另一方面直至 Mc 达到

1.0，Pantano 等[17]的研究表明各向异性的值稳定在 1.5~1.7。实际上，当详细分析造成这种矛盾的原因时，发现 Freund 等[16]和 Goebel 等[7]的试验均是在同一个风洞中开展的，该风洞位于美国伊利诺伊大学香槟分校，风洞很小以至于展向和横向的边界条件不是严格的等压状态，这一点对试验结果的影响不可忽略，是造成结果差异的可能原因之一。

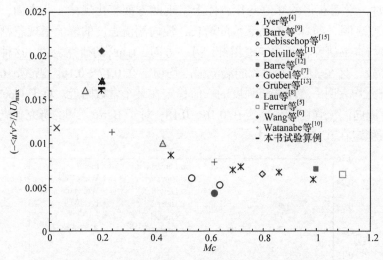

图 3-8　对流马赫数下雷诺剪切应力峰值分布

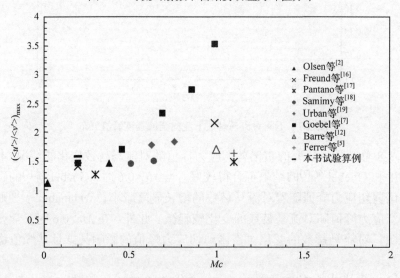

图 3-9　不同对流马赫数下雷诺应力各向异性分布

3.1.6　增长特性

图 3-10 给出混合层速度厚度沿流向的变化。在混合层转捩区，速度厚度显著

增长，表明在该区域涡结构的卷起过程对混合层的增长起主导作用。在下游 $x>80$mm 处，流场进入自相似区域，通过线性拟合可知，该处混合层增长率为 0.0232，这一值与前人在 PIV 试验及 DNS 计算中获得的结果符合得较好。

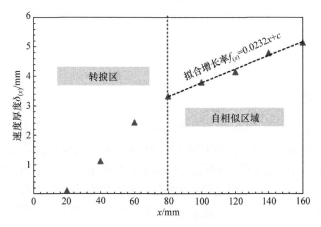

图 3-10　混合层速度厚度沿流向的变化

3.2　强可压混合层流场特性

本书研究采用的风洞试验设备只能开展 $Mc<0.6$ 的混合层流动研究，因此本书采用 DNS 研究强可压混合层的流动机理和增长特性。自 Sandham 等[20]首次获得时间发展可压缩混合层中的 Λ-涡结构后，研究人员在直接数值模拟方面做了大量的工作以期能够揭示时间发展可压缩混合层的涡动力学特性。实际上由于空间发展混合层的研究需要很大的计算求解区域，同时需要耗费很多的计算资源，所以这方面的研究相对较少。最近 Zhou 等[21]采用 DNS 研究了 $Mc=0.7$ 条件下可压缩混合层的发展和演化特性，获得了详细的流动演化过程。由于其研究是在中等可压条件下开展的,强压缩性下流场特有的演化行为在其结果中并没有得到体现。

在边界层研究中,环状涡结构对于雷诺应力以及湍动能的输运起着重要作用。然而在可压缩混合层中，环状涡结构及其对流动演化的影响却少见报道。一个重要的原因是为了和实验研究进行对比[22]，过去大部分可压缩混合层的 DNS 研究都集中在弱可压及中等可压混合层，在这些流动条件下环状涡结构很少出现。此外 3.1 节提到，根据混合层自相似区域的统计特性，研究人员对于湍流强度及雷诺应力各向异性的分布随对流马赫数的变化仍然没有达成一致。很显然，如果想深入探究超声速混合层流动的动力学行为和混合特性，有必要对湍流强度统计特性的分布进行进一步明确[23]。

基于此，本节采用 DNS 直接求解可压缩 N-S 方程，研究 $Mc=1.0$ 的强可压混合层流动结构和湍流统计特性。本节的内容按照如下结构展开：对计算网格的敏感性和程序的可行性进行验证；分析全流场的结构及转捩区多重环状涡结构的演化特性；研究流场的统计特性，分析统计量的分布和转捩区涡结构之间的关系；研究各向异性参数及湍流结构参数的分布特性；分析流场的三阶矩、偏斜因子及平坦因子的分布特性。

3.2.1　计算模型和可行性验证

1. 计算模型

图 3-11 为本次计算采用的三维混合层计算模型。笛卡儿坐标系中 x、y、z 分别代表流向、横向以及展向。采用理想气体模型建立流动各参数之间的关系。下侧高速来流和上侧低速来流分别标注为来流 1 和来流 2。高速侧和低速侧的来流马赫数分别为 3.3 和 1.3。考虑到两层来流的比热容和静温均相等，则对流马赫数 $Mc = (Ma_1 - Ma_2)/2 = 1.0$。基于来流涡量厚度 $\delta_\omega(0)$ 定义的雷诺数等于 750。所有参数均基于来流的涡量厚度进行无量纲化。

由于在边界处不希望反射波返回到流场中影响流动的发展，在 y 方向的上下边界均采用无反射边界条件，在 z 方向采用周期性的边界条件，在 x 方向分别采用来流入口和出口条件。

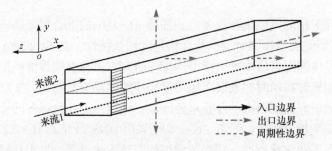

图 3-11　三维混合层计算模型

对于混合层流动，如果用一个正比于混合层厚度的尺度来衡量来流的速度分布，那么 y 方向的速度剖面呈现出正切双曲(tanh)函数类型。因此，对于来流入口边界条件，选用 tanh 型的平均流向速度分布，其形式如下。

$$\begin{cases} u(x=0,y,z) = \dfrac{u_1+u_2}{2} - \dfrac{u_1-u_2}{2}\tanh\left(\dfrac{y}{2\delta_{\theta(0)}}\right) \\ v(x=0,y,z) = 0 \\ w(x=0,y,z) = 0 \end{cases} \tag{3-5}$$

式中，$\delta_{\theta(0)}$ 是来流入口处的动量厚度。对于表达式 $u(x=0,y,z)$，第一项是平均流动项，第二项是过渡层拥有 $2\delta_{\theta(0)}$ 的光滑项。

为了激发流动不稳定以加快从层流到湍流的转捩，在来流的入口处添加入口最不稳定扰动，扰动的函数形式如下。

$$f_1' = A\Delta u G(y)\sin(2\pi f_v t + \varphi) \tag{3-6}$$

式中，A 是扰动的振幅；$G(y)$ 是扰动的高斯函数分布；φ 是 $0\sim2\pi$ 变化的随机相位；f_v 是混合层的最不稳定扰动频率；$\Delta u = u_1 - u_2$；t 是时间项。

对于三维混合层计算，为了得到自然状态下发展的混合层，在二维扰动的基础上叠加三维扰动，扰动形式如下。

$$f_2' = B(y)\left[\cos(\pm\beta z + \omega t) + \cos(\pm\beta z + 0.5\omega t) + \cos(\pm\beta z + 0.25\omega t)\right] \tag{3-7}$$

式中，$B(y)$ 是高斯分布函数；ω 对应最不稳定频率，其值可以通过线性稳定性分析得出，$\omega = 2\pi f_v t$；β 是 z 方向的波数。实际上，线性稳定性分析获得的扰动波可以激发出大尺度涡结构，类似于白噪声扰动产生的涡结构。

2. 网格敏感性分析和程序验证

在本书研究中，计算域为一个三维立方体，立方体的无量纲尺寸为 $L_x \times L_y \times L_z = 240 \times 60 \times 20$，采用的网格为 $N_x \times N_y \times N_z = 2160 \times 240 \times 200$。对于一个可信的 DNS 计算结果，其最小网格尺度要与 Kolmogorov 尺度在一个量级上。超声速混合层流动剪切最剧烈的部分发生在混合层的核心区域，所以在 y 方向采用非均匀分布的网格，在中间位置处进行加密。在 x 和 z 方向采用均匀网格分布。需要说明的是，受限于计算资源，本书没有采用不同的网格规模对网格的无关性进行检查。实际上本书采用的网格质量很好且具有很高的分辨率，能够求解流场中的精细结构。为了证实这一结论，从以下五个方面验证本次计算采用网格的敏感性。

第一，对于本次计算，基于式 $\eta = (v^3/\varepsilon)^{1/4}$ 获得的混合层中心处的最小 Kolmogorov 尺度 η 大约为 0.01。其中，v 和 ε 分别为动力黏性系数和湍动能耗散系数。本算例采用的网格在混合层中心线位置处的最小尺度为 0.04 左右，约为 Kolmogorov 尺度的 4 倍。很显然，当前的网格分辨率能够很好地捕捉流场中各种尺度的结构。

第二，为了保证展向计算区域足够大，本书分析展向两点相关性系数 Ru_iu_i。

$$Ru_iu_i(x_0, y_0, z_0 + \Delta z) = \frac{\overline{u_i''(x_0, y_0, z_0) \cdot u_i''(x_0, y_0, z_0 + \Delta z)}}{\sqrt{u_i''(x_0, y_0, z_0)^2} \cdot \sqrt{u_i''(x_0, y_0, z_0 + \Delta z)^2}} \tag{3-8}$$

式中，(x_0, y_0) 是参考点的位置；u'' 是瞬时脉动速度。本书提取远场区域湍流充分发展处 z 方向的数据进行研究。

图 3-12(a)为流向、横向以及展向脉动速度的相关性分析结果。显然，在 z 方向空间两点相关性系数迅速衰减直至在 z 方向半幅区域处降为 0，说明本书研究中选取的展向区域足够大。

第三，为了保证计算域的流向距离足够长以确保湍流能够充分发展，这里采用 Papamoschou 等[24]提出的判断准则。他们指出 $x_{ref}/\theta_1 > 500$ 时可以保证湍流在远场处充分发展，这里 $x_{ref} = x(1 - u_2/u_1)$ 且 θ_1 是混合层高速侧来流动量厚度的 1/2。对于本书研究，可以计算 $x_{ref}/\theta_1 > 1200$，表明计算域的流向距离足够长，能够保证湍流的充分发展。

第四，可压缩混合层相对于同等密度比和速度比下的归一化增长率如图 3-12(b)所示。由于本书研究中上下两股来流密度相等，所以采用 Abramowich[25]提出的公式计算相应条件下不可压混合层的增长率。图 3-12(b)中还给出过去研究人员获得的不同压缩性下归一化增长率的分布情况。显然随着对流马赫数的增长，混合层的归一化增长率受到显著抑制。同时，本书研究获得的归一化增长率与前人的研究符合得较好。

第五，研究完全发展湍流区的能谱分布，图 3-13 给出完全发展湍流自相似区域三个速度分量的脉动信号功率谱分布。在时序信号功率谱中有一段斜率为–5/3 的区域，表明充分发展的湍流具有实际流场的多尺度特征。此外，可以发现三个方向速度分量脉动信号功率谱均具有类似的斜率，表明在湍流核心区流场接近各向同性。

基于以上五点分析，认为本书计算采用的网格具有较高的分辨率，同时程序具有很好的可靠性和稳定性。

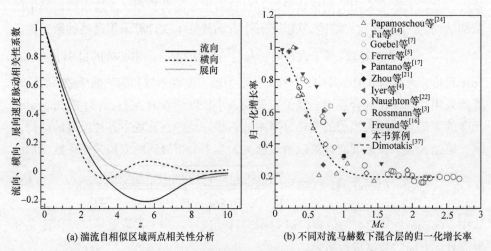

(a) 湍流自相似区域两点相关性分析　　　(b) 不同对流马赫数下混合层的归一化增长率

图 3-12　网格敏感性和程序验证结果

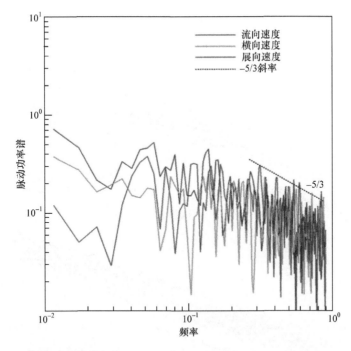

图 3-13　湍流自相似区域三个速度分量的脉动信号功率谱分布

3.2.2　流场结构可视化分析

1. 全流场可视化

图 3-14 给出超声速混合层从流动失稳、转捩到发展为完全湍流的全过程。这里采用 Q-准则对流场的涡结构进行识别。Q-准则定义为速度梯度张量的二阶不变量。

在流动转捩区，流场中出现大量不同形态的涡结构；在流场完全湍流区，流场中充满小尺度涡结构。此外，与弱/中等可压混合层不同的是，在流动可视化结果中没有看到初始 K-H 不稳定诱导的二维典型涡结构。实际上，由于强可压缩效应的影响，流动在初始阶段就被三维不稳定斜波主导。流动经历一小段剪切过程后，流场中典型结构——Λ-涡结构开始卷起。伴随 Λ-涡结构卷起从其两侧脱落的马蹄涡结构逐渐形成，这种马蹄涡结构拥有一个头部和两条腿部(图 3-14(c))。在广泛阅读过去的文献后发现，尽管在湍流边界层研究中马蹄结构是一种典型的流动结构，然而在可压缩混合层流动中很少有文献报道这种涡结构的存在。分析推测一个可能的原因是，过去开展的可压缩混合层高精度数值模拟大部分都集中于弱可压和中等可压的来流条件下，而这两种可压条件并不能诱导出流向存在的马蹄涡的形成。而在本次计算结果中成功地捕捉到马蹄涡结构，关于强可压条件下马蹄涡的形成机制将在 3.2.3 节中分析。

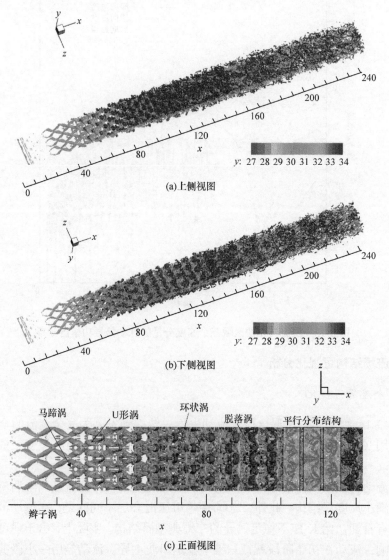

(a) 上侧视图

(b)下侧视图

(c) 正面视图

图 3-14　三维瞬态全流场涡结构可视化结果

随着流场向下游演化，Λ-涡的自诱导作用促使发卡涡结构的形成。过去的研究表明，在弱/中等可压混合层流动中，发卡涡结构在剪切层失稳、结构破碎的过程中起主导作用。之后发卡涡结构的头部逐渐抬起，形成多重环状涡结构。在转捩后期，多重环状涡结构失稳形成蘑菇涡结构。蘑菇涡结构一个典型的特征是生命周期长，直至流动进入湍流自相似阶段。值得注意的是，本书研究中蘑菇涡结构呈现出在展向平行分布的特点，如图 3-14(c)所示，这与 Zhou 等[21]以及 Fu 等[14]

研究的结果不同。在流场远场处，流动呈现出自相似特征，大尺度涡结构完全消失，流场中充满小尺度涡结构。

2. 转捩区典型涡结构

本次 DNS 研究中出现一些独有的涡动力学行为和特性，这些行为和特性在之前关于可压缩混合层的研究中很少报道，因此有必要分析和揭示涡结构的演化机理，以期更好地理解涡结构在混合层转捩阶段扮演的角色。

图 3-15(a)展示流场转捩区[18, 56]内涡结构的三维可视化结果。在经历约三个初始流向不稳定波长后，Λ-涡结构开始卷起。此外，可以发现在 Λ-涡结构两条腿的连接处，存在一段弯曲的剪切层结构，这里称其为帽子涡结构。帽子涡和 Λ-涡腿部之间的物理连接表明，帽子涡结构的产生是主剪切层中 Λ-涡结构卷起后残余涡量诱导的结果。图 3-15(b)和(c)分别展示瞬态流场中展向涡量 ω_z 在展向平面 $z=10$ 和 $z=12$ 处的分布结果。展向涡结构的形状呈椭圆形分布，且之前研究人员在低速、弱可压及中等可压混合层流动中证实的 K-H 涡结构的配对与合并现象在本书研究中没有出现。很显然，强压缩性改变了混合层在转捩初始阶段的增长和演化方式。

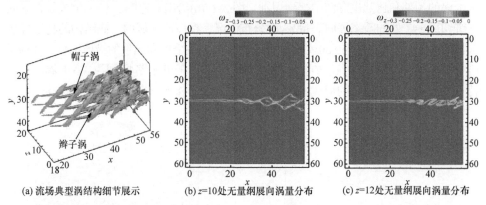

(a) 流场典型涡结构细节展示   (b) $z=10$ 处无量纲展向涡量分布   (c) $z=12$ 处无量纲展向涡量分布

图 3-15　流场转捩区[18, 56]内的流场结构特性

此外，另一种之前数值研究中很少出现的结构——辫子涡在本次算例中得到成功捕获。为了揭示辫子涡结构的形成机理，图 3-16 给出三个不同流向位置 $x=30$、34 和 39 处的流向涡量分布。可以发现，一个展向的波长范围内，一次流向涡结构的旁边出现了一对微弱的二次流向涡结构。一次流向涡的出现诱导了流场中 Λ-涡结构。回顾图 3-14(c)中辫子涡出现的位置，可以合理地推测，这里出现的二次流向不稳定诱导了辫子涡结构的生成。另外，有力的证据是，比较不同流向位置处的二次流向涡对强度，发现随着流动向下游发展，二次流向涡结构的强度逐渐增大，这正好对应辫子涡结构之后演化形成的马蹄涡和 U 形涡结构。同时，在本书研究中，转捩的初始阶段一次流向不稳定诱导的 Λ-涡结构与二次流向不稳定诱

导的辫子涡、马蹄涡和 U 形涡结构的相互作用对于上下两层来流的有效掺混起到积极的作用。

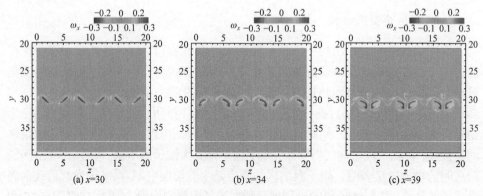

图 3-16　混合层不同流向位置处的无量纲流向涡量分布

图 3-17(a)给出流场转捩区[50,100]内瞬态流场涡结构可视化结果。由于 K-H 不稳定在 Λ-涡头部的强烈作用，Λ-涡的头部逐步抬起，并且发展成发卡涡结构。同时，发卡涡的颈部和腿部也在图中得到识别。图 3-17(b)给出对应图 3-17(a)位置处在展向二维切面 z=7 处的瞬态展向涡量 ω_z 的分布情况。在该段区域内，涡结构的特征经历了显著的变化。首先在[50,60]处，上下两侧各出现一个展向涡量的极值区域，分别对应上下两侧发卡涡头部，这与前人的研究相一致。至于可压缩混合层中发卡涡的演化特点及涡的颈部和腿部的形成机理，Zhou 等[21]做了深入研究，这里不再赘述。

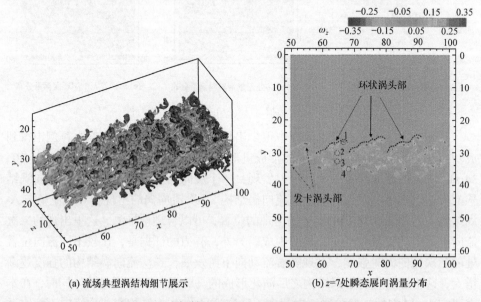

(a) 流场典型涡结构细节展示　　　　　(b) z=7处瞬态展向涡量分布

图 3-17　流场转捩区[50, 100]内的流场结构特性

　　实际上回顾前人关于可压缩混合层的研究发现，发卡涡结构作为转捩区典型涡结构，其生命周期很长且主导转捩区的发展。发卡涡演化后期，流场中形成大量的细条状涡结构，标志着流场进入转捩末期。然而在本书研究中，发卡涡的生命周期很短，仅经历了约两个波长的流向区域。之后，强压缩性作用下流场中出现一种新的流动结构——多重环状涡结构。尽管在湍流边界层的演化中，多重环状涡结构是流场中一种典型的涡结构，但是在可压缩混合层研究中，这种结构首次出现。"旋涡是流体运动的肌腱"。新的涡结构的出现必然带来流场演化特性的显著变化，因此多重环状涡结构的演化特性必然对流动过程和混合特性产生重要影响。

　　在研究流场演化特性之前，首先对多重环状涡结构的生成机理进行分析。为了便于揭示环状涡结构的形成机制，这里采用 Helmholtz 第一守恒定律来辅助分析。在 Helmholtz 第一守恒定律中，如果环量定义为 $\omega = \nabla \times V$，则可以得到下面关系式。

$$\nabla \cdot (\nabla \times V) = \nabla \cdot \begin{vmatrix} \boldsymbol{i} & \boldsymbol{j} & \boldsymbol{k} \\ \dfrac{\partial}{\partial x} & \dfrac{\partial}{\partial y} & \dfrac{\partial}{\partial z} \\ u & v & w \end{vmatrix} = \nabla \cdot \left[\boldsymbol{i} \left(\dfrac{\partial w}{\partial y} - \dfrac{\partial v}{\partial z} \right) - \boldsymbol{j} \left(\dfrac{\partial w}{\partial x} - \dfrac{\partial u}{\partial z} \right) + \boldsymbol{k} \left(\dfrac{\partial v}{\partial x} - \dfrac{\partial u}{\partial y} \right) \right]$$

$$= \dfrac{\partial}{\partial x} \left(\dfrac{\partial w}{\partial y} - \dfrac{\partial v}{\partial z} \right) - \dfrac{\partial}{\partial y} \left(\dfrac{\partial w}{\partial x} - \dfrac{\partial u}{\partial z} \right) + \dfrac{\partial}{\partial z} \left(\dfrac{\partial v}{\partial x} - \dfrac{\partial u}{\partial y} \right) \tag{3-9}$$

　　显然 $\nabla \cdot (\nabla \times V) \equiv 0$，这意味着任何一个涡管都不能在流场内部终止。同时，环量 ω 在任意封闭面上的积分均为 0。

　　图 3-18(a)给出流向二维切面 $x = 67$ 处瞬态流向涡量 ω_x 的分布。在一个展向波长范围内，随着流动的发展，一次流向涡对的强度得到显著增强且涡的位置逐渐被抬起远离混合层中心位置处。与此同时，一次流向涡对两侧出现逐渐累积的二次流向涡对。一次流向涡对和二次流向涡对的相互作用促使环状涡结构的生成。

　　图 3-18(b)给出流向[65,67]内流向涡量等于 $\omega_x = -0.15$ 和 $\omega_x = 0.15$ 的分布图。基于 Helmholtz 第一守恒定律可知，在涡量守恒条件下，当一次流向涡对和二次流向涡对发生强烈的相互作用时，涡管结构将会演化为一个环状结构。由于涡管不能在流场内部终止且涡管具有连续性的特征，环状涡是一次流向涡对和二次流向涡对相对互作用后唯一可以呈现的涡结构形式。一次流向涡对位于环状涡结构内部，二次流向涡对位于环状涡结构外部。由于速度矢量的作用，环状涡结构内部的一次流向涡对将涡管往外拉以形成头部，位于环状涡结构外部的二次流向涡对将涡管往里压，受到压缩的涡管最终形成环状涡结构的颈部。经历这一系列的涡动力学演化后，在发卡涡的尖端处形成一个完整的环状涡结构。

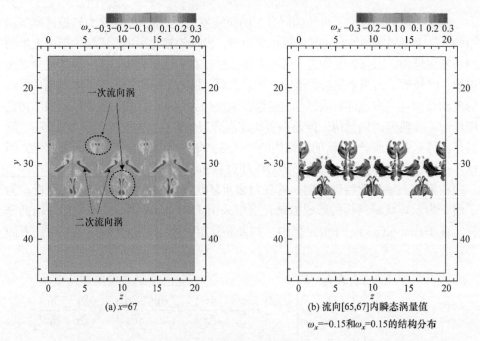

(a) $x=67$　　　　　　　　(b) 流向[65,67]内瞬态涡量值

　　　　　　　　　　　　　　　　　　　$\omega_x=-0.15$和$\omega_x=0.15$的结构分布

图 3-18　瞬态流向涡量分布

　　图 3-19 给出多重环状涡结构的发展和演化示意图，采用 Q-准则获得流场中的涡结构。上面的分析表明，基于 Helmholtz 第一守恒定律，一旦涡管形成，涡管受到压缩后会在两侧涡腿之间形成一个涡桥结构来维持涡量的守恒。随着流动向下游发展，涡桥结构逐渐演化成新的环状涡结构。由于环状涡结构拥有较长的生命周期，多个涡桥结构逐渐演化成环状涡结构，进而在流场中形成多重环状涡结构。值得注意的是，环状涡结构强烈的旋转作用可以有效地促进上侧和下侧流动动量及能量的交换和转移，进而显著地提高混合层在转捩区的掺混效率。

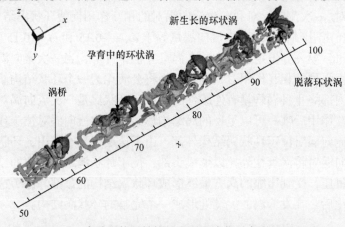

图 3-19　多重环状涡结构的发展和演化示意图($Q=0.003$)

图 3-20 给出混合层转捩后期[94, 143]处的流场可视化结果。脱落的多重环状涡结构在转捩后期仍然保持较强的生命力，涡结构的形状和强度均未发生显著变化。实际上在这个区域，观察图 3-20(a)中的流场可视化结果可知，环状涡结构并没有和其他类型的涡结构发生相互作用。这种相对独立的演化方式是环状涡拥有较长生命周期的重要原因。另外一个重要的现象是，随着流动向下游发展，大量条状涡结构被环状涡包围。由于环状涡头部在演化过程中逐步抬起，当其抬起的位置足够高时，会受到两侧主流的影响，一个显著的后果是这些结构会趋向于和主流保持同样的速度向下游演化。由此流场结构具有在展向平行分布的特性。在流向约 $x = 140$ 处，流场中出现另一种典型的涡结构——Ω 涡。Arms 等[26]的研究指出，由于 Ω 涡具有强烈的多维复杂形变特征，流场将变得十分紊乱。或者可以说，Ω 涡的出现标志着流动接近进入完全湍流区。在本书研究中，强压缩性进一步加剧了 Ω 涡的非线性变化特征。

图 3-20(b)和(c)分别给出展向二维切面 $x = 116$ 和 $x = 136$ 处的瞬态流向涡量分布。在 $x = 116$ 处，混合层核心区域出现多个涡量的极值点，表明在此区域存在大量多重环状涡腿部诱导的条状涡结构。而在 $x = 136$ 处，由于流场受到强烈三维特性的作用，条状涡结构破碎成大量小尺度涡结构。相比于 $x = 116$ 处，在 $x = 136$ 处混合层中涡量的极值点显著减少，表明随着流动向下游发展，涡量的强度逐渐减小。考虑流场中存在的强烈三维不稳定特性，这个变化规律就很容易解释。此外，在 $x = 136$ 处小尺度涡结构趋向于向主流运动，使得流场的混合区域得到显著增长，上下两层更多的流质被卷吸进入混合层完成混合。

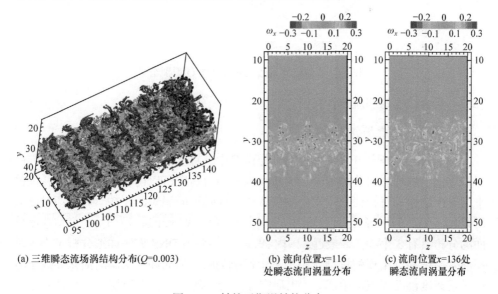

(a) 三维瞬态流场涡结构分布(Q=0.003)

(b) 流向位置x=116
处瞬态流向涡量分布

(c) 流向位置x=136处
瞬态流向涡量分布

图 3-20 转捩后期涡结构分布

3. 自相似区流场结构

图 3-21 给出下游远场[180,240]处流动的可视化结果。在此区域，流场中充斥着大量的小尺度涡结构,流动具有强烈的三维特性,这一点与前人的研究相一致。在 Zhou 等[21]开展的中等可压混合层的 DNS 研究中,完全湍流区仍然存在少量的条状涡结构,尽管其结构强度很弱。相比较而言,本次研究在完全湍流区没有发现大尺度的条状涡结构,取而代之的是大量无规律分布的接近各向同性的小尺度涡结构。这一对比分析也有力地证明了本书研究中,流动在该区域已经完全进入湍流自相似阶段。

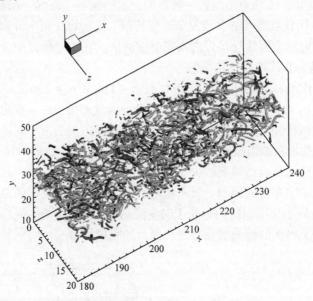

图 3-21　湍流自相似区域涡结构 Q 识别结果

3.2.3　混合过程的湍流统计特性

1. 转捩区速度场拐点特性

在 Nygaard 等[27]开展的低速混合层试验中,首次证实具有拐点的速度剖面的存在。他们发现展向非均匀分布的激励以及凸台装置可以诱导出具有扭曲特征的平均速度剖面,且扭曲现象发生的位置往往伴随流向涡对的存在。后来通过试验研究 Mc=0.62 的中等可压混合层的速度分布特性,Watanabe 等[10]发现平均速度剖面的分布具有 3 个拐点。最近,国内 Zhou 等[21]采用 DNS 方法详细分析了中等可压混合层中拐点出现的机制。他们认为流场转捩区 Λ-涡和发卡涡的演化促成了流场平均速度剖面拐点的生成。本书研究在混合层转捩区也出现拐点,如图 3-22(a)所示。在流向位置 $x = 67$, $z = 7$ 处,速度剖面出现 4 个拐点;而在 $x = 67$, $z = 11$

处，只有 2 个拐点出现。随着流场向下游发展，在流向 $x = 105$, $z = 7$ 和 $x = 105$, $z = 11$ 处，没有观察到拐点的存在。尽管在低速、弱可压及中等可压混合层中，研究人员已经证实速度剖面扭曲现象的存在，然而在强可压混合层中，作者第一次发现这一现象。因此，有必要对这一现象出现的原因进行分析。

拐点可以定义为对应于 $\mathrm{d}\tilde{u}/\mathrm{d}y = 0$ 的位置，表明在拐点附近速度梯度具有极大负值。图 3-22(b) 给出 $(\mathrm{d}\tilde{u}/\mathrm{d}y)$ 在流向二维切面 $z = 7$ 处的分布。在图 3-22(b) 中标记 4 个拐点，分别为 1、2、3、4。这 4 个拐点对应于图 3-22(a) 中 4 个拐点的位置。前面指出，在中等可压混合层中，Zhou 等[21] 和 Watanabe 等[10] 的研究均认为 Λ-涡和发卡涡的演化促成了流场平均速度剖面中拐点的生成。对于他们的研究，这样的解释是合理的。因为在中等可压混合层中，同时存在二维和三维不稳定波，流场中 Λ-涡和发卡涡主导转捩区的发展。然而这一结论并不适用于本书研究中发现的现象，因为在强可压混合层中，流动完全受三维不稳定斜波主导，这与弱可压和中等可压混合层流动有着本质的不同。

由于很少有研究提及强可压混合层中速度剖面的拐点现象，本节将从多重环状涡结构形成和演化的角度来对这一现象进行解释。

在图 3-22(b) 中，流向位置 $x=67$ 处存在 4 个明显的环状涡头部结构，这正好对应于图 3-22(a) 中 4 个拐点的位置。因此，可以合理地推测，环状涡头部结构诱导其周围的流动绕着头部旋转，使得当地流动方向发生改变，由此造成平均速度剖面上拐点的生成。在 Watanabe 等[10] 的研究中，速度剖面的 3 个拐点在流场中具有很长的生命周期。而在本次研究中，考虑到强压缩性和流动三维特性的影响，流场中的涡结构运动相当剧烈，因此在下游 $x=105$ 处，拐点已经完全消失。

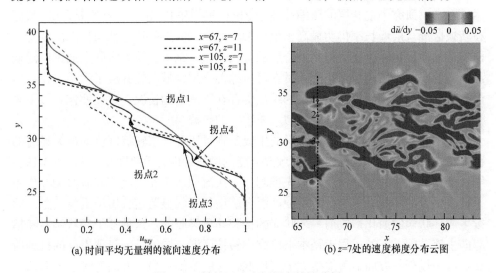

(a) 时间平均无量纲的流向速度分布　　　　　　(b) $z=7$ 处的速度梯度分布云图

图 3-22　转捩区速度场拐点特性分析

2. 流场平均速度场分布

图 3-23 给出无量纲流向平均速度场的分布,该分布通过将瞬态速度场在时间和展向同时平均得到。图 3-23 中给出混合层中心线位置 $y_{u0.5}$ 以及下侧和上侧边界位置 y_l 和 y_u。混合层中线位置对应于平均速度等于 $(u_1+u_2)/2$ 处。下侧和上侧边界分别对应于平均速度等于 $u_1-0.1\Delta u$ 和 $u_2+0.1\Delta u$ 的位置处。

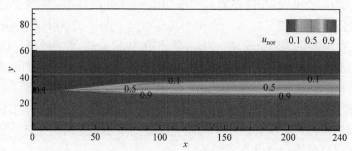

图 3-23　时间和空间平均处理后的无量纲流向平均速度场分布(虚线 $y_{u0.1}$ 和 $y_{u0.9}$ 分别代表混合层边界的上侧和下侧,$y_{u0.5}$ 代表混合层的中心线)

在流动近场 $x=0$ 到 $x=25$ 处,由于强压缩性的作用,流场中涡结构的卷起受到显著抑制。从 $x=25$ 开始,流动进入转捩区,流场中典型涡结构卷起且混合层混合区域逐渐增大。为了便于理解,图 3-24(a)给出混合层速度厚度($\delta_v=y_u-y_l$)沿流向的变化趋势。很显然速度厚度的分布可以分为三个阶段,第一阶段是在混合层的近场区域[0, 25]内,该区域中混合层增长率近似为 $d\delta_v/dx=0.0168$;第二阶段处于混合层的转捩区,这段区域中混合层增长率近似为 $d\delta_v/dx=0.1487$。值得注意的是,尽管在本书研究中混合层的压缩性高于 Zhou 等[21]和 Fu 等[14]研究的混合层,然而在转捩区混合层增长率仍明显高于他们 DNS 研究的结果。这显然与传统的观念,即"压缩性的提高会显著抑制混合层的增长"这一结论相悖。实际上通过广泛调研前人的研究,发现尽管研究人员在可压缩混合层领域已经开展了大量工作,然而在某些方面不同研究人员得出的结论仍存在不一致的情况。这促使作者接下来深入分析本书研究中出现这一看似"矛盾"的根源。

前面的分析指出,多重环状涡的生成是强可压混合层转捩区流动最为显著的特征,其发展演化过程必然与该区域混合层的增长特性有重要联系。回到图 3-19,结合环状涡结构的演化过程,首先推测:一次流向涡对和二次流向涡对相互作用下逐个生成的环状涡结构对于转捩区混合层增长率的显著增长做出重要贡献。后续生成环状涡的演化造成前一环状涡的抬起并最终脱落。这种多个环状涡不断抬起向主流"伸入"的过程正是本书研究中转捩区混合层增长率显著提高的机理所在。这一过程一方面显著地增大了流场混合区的范围;另一方面卷吸了更多的流质进入混合区完成混合。实际上前人的研究更多关注混合层自相似区域的增长特性；而受限于试验条件，很少有研究系统地展现强可压混合层转捩区完整的三维流场精细结构，因而转捩区流动特性的研究变得尤为困难。而在数值模拟方面，大部分 DNS 的工作集中于低速、弱可压和中等可压混合层领域，而在这些压缩性范围内，转捩区的典型涡结构并没有显著的不同(均是 Λ-涡和发卡涡主导)。而恰恰是出于这两方面的考虑，本书开展强可压混合层的研究，以期获得一些重要的发现。

混合层增长的第三阶段，即自相似阶段，该区域内混合层的增长率近似为 $d\delta_v/dx=0.0221$，这一增长特性与前人试验研究中获得的结论相一致。很显然，这一增长率比 Zhou[21]等和 Fu 等[14]在对应阶段增长率的值都要小，符合"压缩性的提高会显著抑制混合层的增长"这一结论。因此，这里对这一结论进行必要的完善，即"在可压缩混合层发展为完全湍流时，来流压缩性的提高会显著地抑制混合层的增长"。

图 3-24(b)给出混合层动量厚度沿流向的增长情况。动量厚度的总体增长趋势和速度厚度相似。在 Zhou 等[21]的研究中，他们认为对于动量厚度，其在混合层转捩区的增长率大概是自相似区域的 4 倍。然而在本书研究中，这一比率约为 6，表明相比于 Λ-涡和发卡涡，转捩区剧烈运动的多重环状涡结构对于混合层的快速混合起到更加显著的作用。

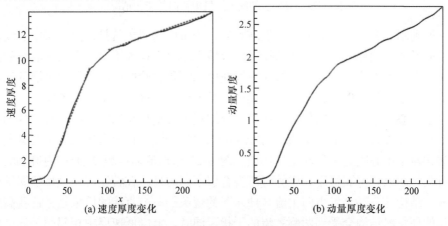

(a) 速度厚度变化　　　　　　　　(b) 动量厚度变化

图 3-24　混合层速度厚度和动量厚度沿流向的分布

图 3-25 给出混合层涡量厚度沿流向的增长情况，涡量厚度是基于时间和展向空间同时平均的速度场来计算的。在初始阶段的薄剪切层中，涡量的逐步积累形成椭圆状涡结构，可以观测到卷起的 Λ-涡结构造成涡量厚度的快速增长。在流向位置 $x=40$ 至 $x=50$ 处，涡量厚度经历了显著下降的过程。回到图 3-14(c)，发现在该流向区域内，Λ-涡的腿部结构开始膨胀，在膨胀的过程中，由于涡量的增长，主剪切层的强度显著增强。随着涡量的逐渐积累，主剪切层的强度进一步增强。考虑涡量厚度的定义($\delta_\omega = \Delta u/|d\tilde{u}/dy|_{\max}$)，就不难理解在此区域内涡量厚度会有

一个突然下降的阶段。此外，对比涡量厚度和动量厚度的增长趋势发现，动量厚度是基于流场变量的积分得到的，其对流场中涡结构的运动变化并不敏感，因此动量厚度的增长并不像涡量厚度这样，能够反映流场中剪切层涡结构的剪切特性。

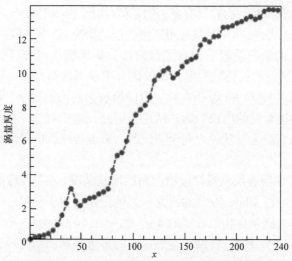

图 3-25　混合层的涡量厚度沿流向的变化情况

　　回到图 3-23，$u = u_2/\Delta u$ 可以发现另外一个重要的现象就是，混合层中心线倾向于向低速侧偏移(对于本书算例是向上侧偏移)。图 3-26 给出混合层中心线的偏移量分布，值得注意的是，尽管在流场速度场测量试验中可以得到混合层的偏移特征，但在时间发展混合层的数值模拟中并不能得到这一结果。在流动转捩区，混合层中心线经历显著的偏移，而在混合层远场直至自相似阶段，中心线的偏移量很小。参考图 3-14(c)中的流动可视化结果可以推测：转捩区典型涡结构的发展和演化对于中心线的偏移起主导作用。图 3-27 给出流向区域[25,150]内流场的瞬态可视化结果。与弱可压和中等可压混合层不同的是，在转捩区一旦环状涡结构生成，结构的头部会发生向主流"伸入"的现象。一个直接的后果是，这些高速演化的环状涡结构会受到两侧主流的干扰。同时，上侧低速层中相邻两个涡结构之间的距离比下侧高速层中的要小，在同样的流向区域范围内，由于上侧低速层的涡结构具有更低的运动速度，会有更多的涡结构出现，从而上侧会有更多的流质卷入混合区完成混合。因此，在同一流向位置处，上侧低速混合层的混合区域更大，这也是随着流动向下游发展混合层向低速侧偏移的原因。

　　图 3-28 给出不同流向位置处的流向平均速度分布。发现，尽管速度已经在时间和空间上进行平均处理，在混合层转捩区仍然存在 S 形状的曲线分布，同时伴随拐点的存在。S 形状对应上层低速侧剧烈的速度亏损情况，这一点可以在图 3-23 的速度分布云图中得到体现。转捩区速度亏损的存在表明这一区域中涡结构的

运动非常剧烈。图 3-29 给出混合层自相似区域中流向平均速度分布。显然在混合层自相似区，速度剖面具有较好的自相似特征，且与 3.1 节研究的弱可压混合层相似，呈现出经典的 erf 函数分布。

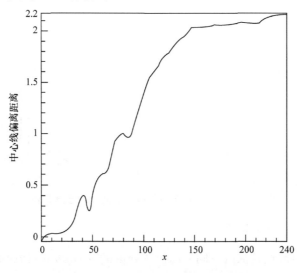

图 3-26　混合层中心线的发展演化情况

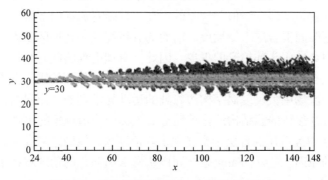

图 3-27　混合层转捩区[25,150]结构的可视化

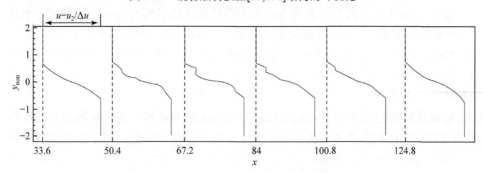

图 3-28　不同流向位置处的流向平均速度分布

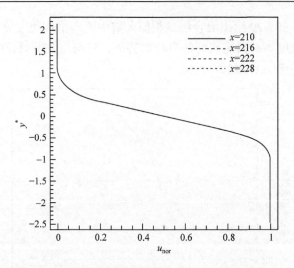

图 3-29　混合层自相似区域中流向平均速度分布

3. 湍流强度和雷诺应力

图 3-30 给出流场转捩区不同流向位置处雷诺应力 $\overline{\rho u'' v''} / (\rho_1 \Delta u^2)$ 的分布。作为湍动能生成的主要贡献项，在转捩区 $x=55, 67, 85$ 和 100 处，雷诺应力分布的一个显著特征就是"多个峰值"现象的存在，且随着流动向下游发展，雷诺应力峰值的位置逐渐向混合层上侧发展。前面的分析提到，转捩区多重环状涡在向下游发展过程中会发生头部抬升的现象。因此，有理由推测此处峰值现象的出现与环状涡的演化有紧密联系。在不可压混合层中，Oster 等[28]的研究发现了类似的现象，他们认为流场中大尺度涡结构边缘处的运动异常剧烈，而涡结构中心处的运动很轻微。这种独特的涡结构演化特性造成流场中峰值现象的出现。最近，Zhou 等[21]的研究在中等可压混合层中也发现了峰值现象。他们猜测发卡涡的演化是峰值现象产生的原因。之后，Fang 等[29]同样从发卡涡演化的角度解释了流场中出现的峰值现象。

在本书研究中，由于发卡涡主要集中在转捩区的早期且生命周期很短，很显然 Zhou 等[21]和 Fang 等[29]的结论在本书研究中不适用。此外，通过和 Zhou 等[21]的 DNS 结果比较，发现虽然本书算例压缩性更强，但在流动转捩区雷诺应力的峰值比他们算例中的峰值要大(参见文献[21]中图 16(b))。因此，需要进一步分析峰值现象产生的机制。

在湍流转捩过程中存在不同尺度、不同形态的涡结构，流场强烈的非线性作用使得涡结构相互作用和干扰，并产生十分复杂的物理现象。典型的物理现象包括上喷(ejection)和下扫(sweep)等。在湍流边界层中，上喷和下扫运动是流动转捩过程中重要的物理现象，并且已经得到研究人员的广泛研究和重视。上喷和下扫运动往往伴随强烈的展向上动量及能量的转移和输运,与涡结构的联系相当紧密。受到研究人员在湍流边界层中开展相关研究的启发,在强可压混合层中着重分析了上喷和下扫运动在混合层转捩过程中所起的作用。

在湍流转捩上喷和下扫的分析中,通常采用象限分析法来辅助研究。根据雷诺应力 $\overline{\rho u''v''}$ 中两个扰动分量的正负,将流动分为四种运动形式,分别对应于四个象限。上喷和下扫运动分别对应于象限 II ($u'<0$ 且 $v'>0$) 和 IV ($u'>0$ 且 $v'<0$)。上喷运动诱发 $-u'$ 和 $+v'$ 扰动;下扫运动诱发 $+u'$ 和 $-v'$ 扰动,其结果是在两种运动下雷诺应力均增大。

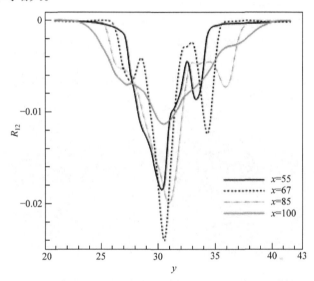

图 3-30　混合层转捩区 $x=55$、67、85 和 100 处的雷诺剪切应力分布

为了考察流场的发展特性,图 3-31 给出流向位置 $x=67$ 处流向和横向的瞬时速度脉动分布。为了便于观察,图 3-31 中标出示意运动方向的箭头。可以发现,在横向 $y=34$ 处,流场中存在强烈的上喷和下扫运动,而这正好对应于图 3-30 中 $x=67$ 处的雷诺应力峰值的位置。实际上从图 3-14(c)中可以发现,受到上喷和下扫作用的影响,环状涡结构腿部存在强烈的旋转作用。此外,由于在下面分析中环状涡的头部仍然存在上喷和下扫的现象,这里将腿部诱导的运动称为一次上喷和一次下扫。

为了揭示环状涡的运动与雷诺应力峰值出现的关系,图 3-32(a)中采用 Q-准则获得一个完整的二重环状涡及其周围的流场结构(流向区域[62,70]),同时给出在流向 $x=67$ 和 $x=63.8$ 处速度矢量的二维切面。实际上这两个切面正好对应于环状涡腿部的一次运动和头部的二次运动。通过对比速度矢量的分布发现环状涡头部的二次上喷和二次下扫运动更为剧烈,表明剧烈运动的环状涡头部结构能够显著地增强流场的脉动特性。为了研究环状涡上喷和下扫运动变强的原因,图 3-32(b)给出环状涡结构周围的流动运动示意图。随着流动向下游发展,环状涡中心位置处流动先是向上运动然后迅速改变方向向下运动,进而与不断旋转的环状涡腿部诱导的一次下扫运动相互作用。同样地,处于环状涡中心处的向上运动与腿部诱导的一次上喷运动相互作用。这种相互作用和混合过程显著增强了环状涡结构的运动强度,造成了头部位置剧烈的二次上喷和二次下扫。随着环状涡头部的抬起,环状涡的运动又受到上下两侧主流的作用。主流(上侧低速和下侧高速)与混合区域存在的速度差造成主流和环状涡的相互作用,致使流动在横向很快改变方向,形成大的流向脉冲,同时满足混合区的流量守恒。

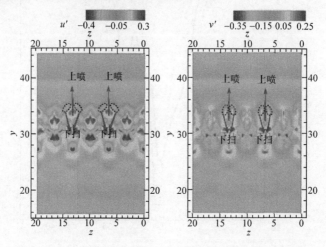

图 3-31　混合层流向位置 $x=67$ 处的瞬时速度脉动分布

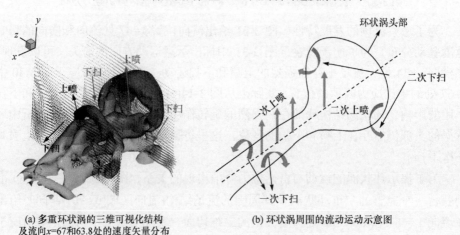

(a) 多重环状涡的三维可视化结构　　　(b) 环状涡周围的流动运动示意图
　　　及流向 $x=67$ 和63.8处的速度矢量分布

图 3-32　环状涡诱导混合增强机理分析

　　值得注意的是,这里仅分析了二重环状涡的运动特性。在图 3-19 中可以发现,随着流动向下游发展,流场中会出现更多重的环状涡结构。这种多次上喷和下扫运动是转捩区雷诺应力分布中出现多个峰值的根本原因。

　　图 3-33 给出混合层自相似区域雷诺应力分量 $\overline{\rho u''u''}/\rho_1 \Delta u^2$、$\overline{\rho v''v''}/\rho_1 \Delta u^2$、$\overline{\rho w''w''}/\rho_1 \Delta u^2$ 和 $\overline{\rho u''v''}/\rho_1 \Delta u^2$ 分布情况。在自相似区域由于流动具有强烈的三维特性,雷诺应力分量存在 $\overline{\rho u''u''}/\rho_1 \Delta u^2 > \overline{\rho w''w''}/\rho_1 \Delta u^2 > \overline{\rho v''v''}/\rho_1 \Delta u^2$,这与前人的试验结果相一致。此外,将本书结果和一些经典的试验结果相比,发现雷诺正应力项 $\overline{\rho u''u''}/\rho_1 \Delta u^2$ 的峰值十分接近 Samimy 等[18]的结果,$\overline{\rho v''v''}/\rho_1 \Delta u^2$ 的分布曲线与 Goebel 等[7]的结果符合较好。而对于雷诺剪切应力项,本书研究中其峰值相比前人的研究小了很多。本书研究中计算对象的雷诺数只有 750,这应该是致使雷诺剪切应力较小的原因。

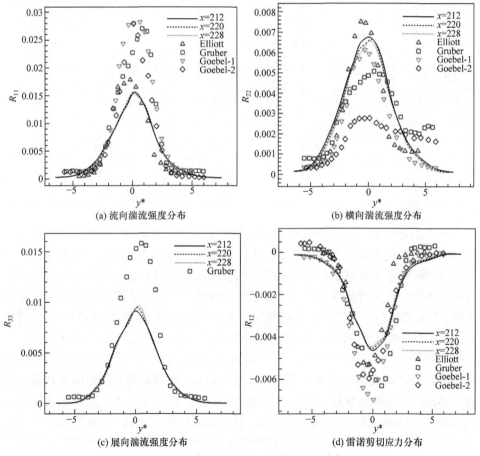

(a) 流向湍流强度分布　　　　　　　　(b) 横向湍流强度分布

(c) 展向湍流强度分布　　　　　　　　(d) 雷诺剪切应力分布

图 3-33　混合层自相似区域湍流强度分布

　　表 3-2 总结研究人员在湍流自相似区域获得的湍流强度相关量分布。随着对流马赫数的增长，流场的脉动显著降低。此外，对于湍流各向异性，尽管 Goebel 等[30]的结果表明对流马赫数的增长会显著地抑制各向异性的分布，然而本书研究结果表明，至少在对流马赫数达到 1.0 的范围内，雷诺应力各向异性分布似乎均不受压缩性增长的影响。

表 3-2　不同压缩性条件下的雷诺应力峰值分布

	试验结果	计算结果	Mc	$u_{rms}/\Delta u$	$v_{rms}/\Delta u$	$\sqrt{u'v'}/\Delta u$	v_{rms}/u_{rms}	$\sqrt{u'v'}/u_{rms}$
Olsen 等[2]	○		0.02	0.18	0.16	0.10	0.888	0.555
Goebel 等[30]	○		0.2	0.22	0.15	0.13	0.682	0.593
Urban 等[19]	○		0.25	0.17	0.13	0.109	0.765	0.644
Pantano 等[17]		○	0.3	0.17	0.134	0.103	0.788	0.606
Olsen 等[2]	○		0.38	0.19	0.13	0.10	0.684	0.526
Samimy 等[18]	○		0.51	0.16	0.11	0.089	0.687	0.556
Urban 等[19]	○		0.63	0.16	0.09	0.089	0.562	0.556
Pantano 等[17]		○	0.70	0.153	0.103	0.087	0.673	0.568
Freund 等[16]		○	0.99	0.190	0.088	0.086	0.463	0.453
Goebel 等[30]	○		0.99	0.18	0.053	0.076	0.283	0.422
Sarkar[31]		○	1.10	0.141	0.095	0.083	0.674	0.588
本书算例		○	1.0	0.124	0.08	0.067	0.667	0.54

　　图 3-34(a)给出湍流强度峰值随流向位置的变化。在流向 $x=34$ 处，流向湍流强度项、横向湍流强度项以及雷诺应力项均出现一次峰值，而展向湍流强度项在流向 $x=50$ 处才出现峰值。显然这样的湍流强度演化和分布与不可压混合层相比有明显不同。在不可压混合层中，雷诺应力各项的峰值几乎在流向的同一位置处出现。结合图 3-14，可以很容易将前述一次峰值现象和初期转捩流场中的 Λ-涡结构相联系。在流向 $x=34$ 处，流场的强烈剪切作用使得 Λ-涡结构完成卷起。同时，在持续的剪切作用下 Λ-涡的腿部开始膨胀，在膨胀过程中混合层的涡量显著增大，致使剪切层显著增长。随着 Λ-涡腿部涡量的积累，强烈的剪切层作用导致混合层流向和横向出现较大脉动，从而流向湍流强度项、横向湍流强度项和雷诺应力项均出现一次峰值。在 $x=50$ 流向位置处，展向脉动达到最大值，导致此处的展向脉动强度出现峰值。此外，在混合层转捩的中期 $x=75$ 处，流向湍流强度项、横向湍流强度项和雷诺应力项又一次出现峰值现象，这里称为二次峰值。根据广泛调研

的文献来看,这种二次峰值现象在前人的研究中尚未报道。基于前面的分析可知,在该区域混合层中多重环状涡结构出现二次上喷和二次下扫现象,很显然这种强烈的运动过程诱导了流场中二次峰值现象的出现。

为了进一步地探究强可压混合层中发现的这一有趣现象,图 3-34(b)给出Sharma 等[32]研究的中等可压混合层(Mc=0.5)中对应湍流强度项的分布。在中等可压混合层中,不同湍流强度项均呈现出先急剧增长再逐渐衰减至稳定值的特点。这与本书研究的强可压混合层有着显著区别。同时,对比湍流自相似区域的湍流强度发现,强压缩性会显著地抑制湍流脉动强度,这与前人试验得到的结论相一致。但是对于不同压缩性的混合层(弱可压、中等可压及强可压混合层),转捩区的湍流强度分布需要依据来流压缩性的不同分别进行考虑和分析。

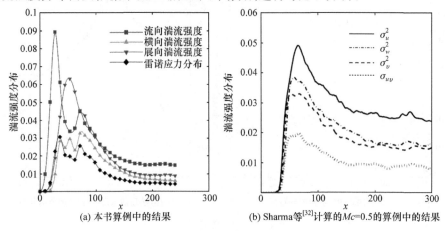

(a) 本书算例中的结果　　　　(b) Sharma等[32]计算的Mc=0.5的算例中的结果

图 3-34　湍流强度沿流向的分布

湍流转捩区多重峰值现象的出现表明多重环状涡结构在强可压混合层中扮演着极其重要的角色,可以诱导出更剧烈的湍流脉动以加快转捩区上下两层来流的混合。此外,通过图 3-34 两幅图的对比研究发现,随着对流马赫数的增长,混合层达到自相似区域的位置显著推迟。Sharma 等[32]的算例中,湍流强度在流向x=160处就已经衰减至稳定值(尤其对雷诺剪切应力而言);而在本书研究中,湍流强度直至x=200 处才达到稳定值,即更强压缩性的混合层需要更长的流向距离来实现湍流自相似。

图 3-35(a)给出湍动能沿流向的分布情况。湍动能(turbulence kinetic energy,TKE)定义为$k = \frac{1}{2}\left(\sigma_u^2 + \sigma_v^2 + \sigma_w^2\right)$。显然湍动能沿流向的发展和$\sigma_u$、$\sigma_v$及$\sigma_{uv}$相似。同样地,转捩区湍动能多重峰值的出现可以显著地促进流动的混合。图 3-35(b)给出横向积分后的湍动能 Ik$\left[\text{Ik} = \frac{1}{2}\int_y (\sigma_u^2 + \sigma_v^2 + \sigma_w^2)\mathrm{d}y\right]$沿流向的分布情况。由于 Ik 的

积分效应,其结果可以更好地反映流场中能量的转移和交换情况。在流向 x=87 处,Ik 达到峰值。参考图 3-14(c), 发现多重环状涡在该区域运动十分剧烈,这也进一步证实了流场中涡结构和能量交换之间存在紧密的联系。

当调研 Sharma 等[32]研究中 Ik 的分布时,发现中等可压混合层中 Ik 的分布与本书研究结果存在显著差异。在流场转捩区, Ik 近似为一个常数分布,随后急剧衰减至 x=180(自相似区域)又缓慢上升。这样的对比研究表明:在流动转捩区,强可压缩性带来的三维效应有助于诱导出各种形态的大尺度涡结构(马蹄涡、U 形涡以及多重环状涡等), 这些大尺度涡结构的剧烈运动加剧流场的脉动特性,有利于转捩区流场的混合;而在自相似区域,强压缩性显著抑制混合层的增长。

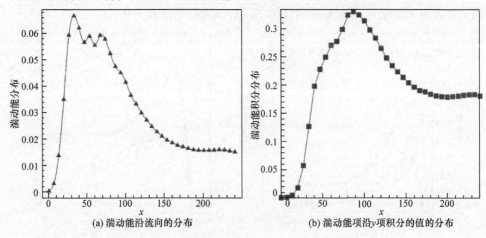

(a) 湍动能沿流向的分布　　　　　　(b) 湍动能项沿 y 项积分的值的分布

图 3-35　湍动能变化特性

通过上面的分析可知, 对于不同的雷诺应力项,其峰值沿流向的演化趋势呈现出不同的特点。图 3-36(a)给出雷诺应力各向异性沿流向的分布。本节采用两个雷诺应力各向异性参数(σ_u/σ_v)max 和(σ_w/σ_v)max 来评估,分别定义为一次应力和二次应力的比值以及两个二次应力之间的比值。

在混合层近场区,两个参数均呈现出急速增长的趋势。(σ_u/σ_v)max 增长至 9.5,随后迅速降至 1.5, 这一变化趋势与 Samimy 等[18]及 Fu 等[14]的研究结果相一致。对于参数(σ_w/σ_v)max, 在 x=80 处其值衰减至 1.15,表明展向脉动比流向脉动更为剧烈。随着流场向下游发展,各向异性的峰值逐步稳定在一个常数附近,表明流场达到某种动态平衡状态。

研究人员指出,剪切应力和正应力之比的变化趋势有助于研究雷诺应力封闭的问题,且封闭模型中一些流动的简化问题也常基于这些结构参数来开展。本书分析两个湍流结构参数的变化趋势。第一个是剪切应力相关系数 R_{uv}, 定义为 $R_{uv}=\left(-\overline{\rho u''v''}\right)/(\sigma_u\sigma_v)$;第二个参数 $-\overline{\rho u''v''}/k$ 基于湍动能来定义。其沿流向的变化趋势如图 3-36(b)所示。显然这两个参数在流向具有相似的发展特性。尽管在流向直至下游 x=130 处两个参数总体上呈现出下降趋势,然而在流向区域[70,100]内仍然有一段增长的过程。作者考察了 Simon 等[33]关于中等可压混合层中的研究结果,他们认为这两个湍流结构参数在近场处达到极值后均呈现出持续下降的特点。显然在本书研究中,强压缩性诱导的多重环状涡结构造成这两个湍流结构参数多次峰值的出现。

在流场下游自相似区域, $-\overline{\rho u''v''}/k$ 稳定在 0.3 附近,这个值也是 Harsha 等[34]推荐的各向同性湍流的参考值,证明本书研究中远场处的流动已经达到湍流自相似状态。剪切应力相关系数 R_{uv} 在远场处稳定在 0.465 附近,这与 Urban 等[19]计算得到的 0.6 相比小了很多。实际上其计算是在中等可压条件下开展(Mc=0.63)的,而本书研究中流动的压缩性更强,能够显著地抑制自相似区域的湍流脉动,因此得到的剪切应力相关系数比 0.6 要小。

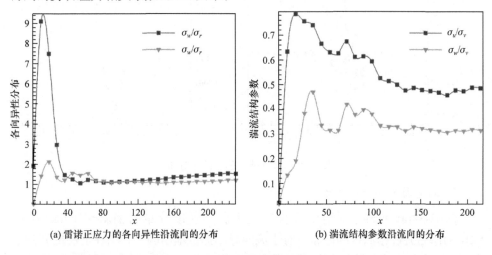

(a) 雷诺正应力的各向异性沿流向的分布　　　　(b) 湍流结构参数沿流向的分布

图 3-36　湍流结构参数变化

4. 三阶矩分析

图 3-37 给出流场自相似区域不同流向位置 x=214、222 和 232 处的三阶矩分布,这里没有对 y 坐标进行无量纲化处理,以便于更直观地研究流场的一些自相似特性。可以发现,流向脉动速度和横向脉动速度的三阶量均满足较好的自相似性。而对于展向脉动速度,由于流场的强压缩性和强三维特性,再加上展向脉动速度的三阶矩值很小(接近于零),并没有呈现较强的自相似特征。此外,通过三阶矩的分布也能发现,混合层在远场混合核心区具有向上侧低速层显著偏移的特征。

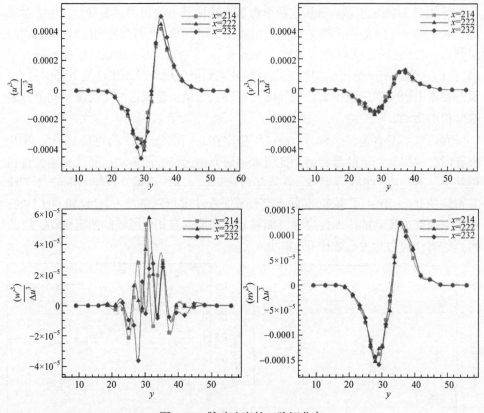

图 3-37　脉动速度的三阶矩分布

5. 偏斜因子和平坦因子

图 3-38(a)～(c)分别给出混合层三个脉动速度分量的偏斜因子(skewness factors)在湍流自相似区的分布。对于流向脉动速度偏斜因子，均在上层低速侧呈现正值分布，在下层高速侧呈现负值分布。这表明，在混合层靠近低速气流的边界处存在大的正向脉动，而在靠近高速气流的边界处存在大的负向脉动。流场中涡结构向主流的"伸入"过程是造成偏斜因子在混合层边界处出现峰值的重要原因。本书中偏斜因子的分布特性与前人在弱可压和中等可压混合层流动中研究的结果有较好的一致性。但是由于本书研究对象具有较强的压缩性，流向脉动速度偏斜因子的峰值相比于弱可压和中等可压条件下的峰值小很多。

此外，可以发现展向脉动速度偏斜因子在混合层核心区趋向于零，这表明展向脉动趋向于均匀分布，同时流场结构在展向的分布具有较好的一致性。在混合层两侧边界处，展向脉动较为强烈，偏斜因子出现多个峰值，表明在混合层和主流的交界处，流动的混合和结构演化相当剧烈，湍流/非湍流之间具有较强的相互作用。图 3-38(d)～(f)给出混合层三个脉动速度分量的平坦因子(flatness factors)在

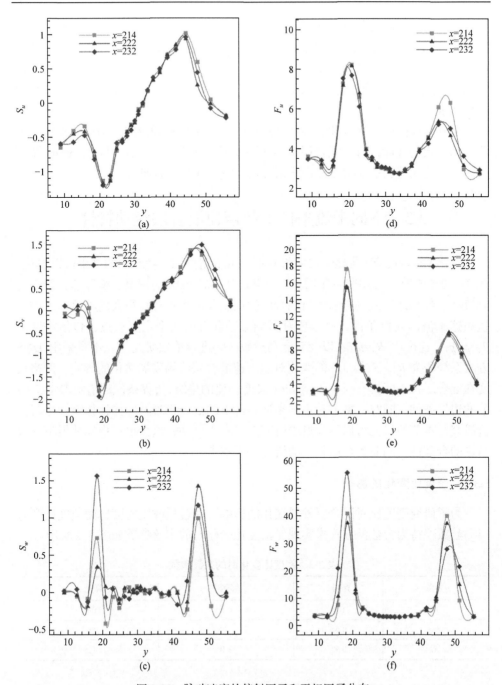

图 3-38   脉动速度的偏斜因子和平坦因子分布

湍流自相似区的分布。显然三个方向的平坦因子在混合层边界处均出现峰值现象，表明流动在混合层边界处具有强烈的三维脉动特性。对于流向脉动速度的平坦因子，下侧高速侧的峰值比上侧低速侧的峰值要大，这与前人研究的结论相一致。此外在低速混合层中，Oster 等[28]的研究表明，两侧的流向脉动速度平坦因子的峰值分别为 22 和 8，显然本书算例中，由于强压缩效应的存在，平坦因子的峰值显著降低。这种对流场脉动强度的抑制也是混合区涡结构卷吸主流流动受到抑制的一种体现。

另外，横向脉动速度和展向脉动速度平坦因子具有和流向脉动速度平坦因子分布一致的规律，且在混合层中心区平坦因子的值接近于 3，与 Samimy 等[18]的研究结论相符，表明流动在混合层核心区达到了各向同性分布。

3.3　不同来流条件下超声速混合层流动特性

对比 Clemens 等[35](Mc=0.28)和 Debisschop 等[15](Mc=0.525)的结果可以发现，在 Mc=0.525 时混合层归一化增长率显著高于 Mc=0.28 的情况。很显然，仅通过对流马赫数来评估流场压缩性对混合层发展演化的影响存在很大的不足。考虑到超声速来流的入口条件，有必要对影响流动混合的几个主要参数，包括密度比 $R_\rho=\rho_2/\rho_1$、速度比 $R_u=u_2/u_1$ 以及对流马赫数(Mc)进行单独研究[36]。本章采用 DNS 方法系统研究 R_ρ、R_u 及 Mc 的变化对超声速混合层流场发展演化的影响，网格尺度在混合层核心区具有与 Kolmogolov 尺度相比的量级，边界条件的给定参考 3.2.1 节的边界条件。同时，本节对不同来流条件下的混合机理及结构拓扑特性进行分析研究。本节的研究可以解释过去研究人员在采用 Mc 这个单一指标获得不一致结论的合理性，同时为今后相关的研究提供参考。

3.3.1　密度比变化的影响

为了研究密度比对混合层发展演化的影响，通过只改变密度比而速度比和对流马赫数保持为常数的方式来实现。密度比变化时的来流参数如表 3-3 所示。

表 3-3　密度比变化时的来流参数

参数	算例 1	算例 2	算例 3
R_u	0.6	0.6	0.6
Mc	0.65	0.65	0.65
R_ρ	0.75	1.0	1.5

为了评估混合层的混合特性，对湍流统计特性的分析非常必要。图 3-39 给出不同密度比条件下无量纲平均流向速度等值线分布图。等值线的值采用下面的公式获得。

$$\Psi = (u - u_2)/\Delta u \tag{3-6}$$

可以发现，随着流场向下游发展，等值线 Ψ=0.1 和 Ψ=0.9 之间的距离近似呈现出线性增长的特点。同时，由于混合层上下两层流动卷吸的非对称性，混合层倾向于向低速一侧倾斜。

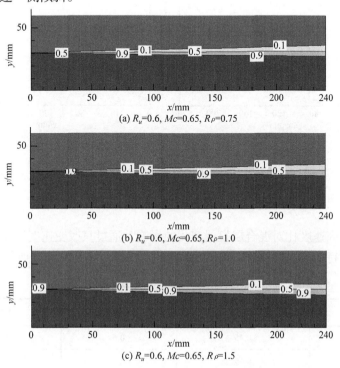

(a) R_u=0.6, Mc=0.65, $R\rho$=0.75

(b) R_u=0.6, Mc=0.65, $R\rho$=1.0

(c) R_u=0.6, Mc=0.65, $R\rho$=1.5

图 3-39　无量纲流向平均速度等值线图

为了定量分析混合层的增长率，基于等值线定义的混合层的速度厚度如下。

$$\delta = y_{u0.9} - y_{u0.1} \tag{3-10}$$

式中，$y_{u_{0.9}}$ 和 $y_{u_{0.1}}$ 分别对应于 $u = u_1 - 0.1\Delta u$ 和 $u = u_2 + 0.1\Delta u$ 时的横向位置。速度厚度的分布如图 3-40(a)所示。很显然，密度比的变化对于流场速度厚度的影响很小。这样的研究结论也与前人的研究结果一致。

然而动量厚度则呈现出不同的演化特性，如图 3-40(b)所示。首先，在三种密度比条件下，混合层的动量厚度均呈现出线性增长的趋势。而在 $R\rho$=1.0 条件下，动量厚度的增长率相比 $R\rho$=0.75 和 $R\rho$=1.5 条件下有了显著提升。很显然，密度比变化对于动量厚度的影响不可忽略。实际上，Dimotakis[37]的研究表明，对于具有相同密度来流的可压缩混合层，其两侧流动的卷吸作用呈现出非对称性，这种非对称性可以显著地提高混合层的湍流强度，从而造成同等密度下混合层动量厚度的显著增长。

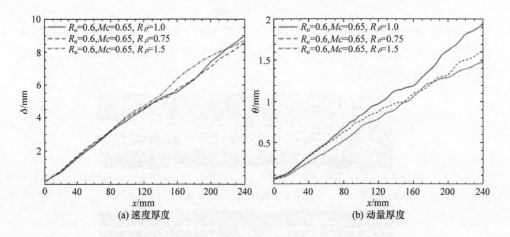

(a) 速度厚度　　　　　　　　　　　(b) 动量厚度

图 3-40　不同密度比条件下的混合层厚度变化

3.3.2　速度比变化的影响

为了研究速度比对混合层发展演化的影响，通过只改变速度比而密度比和对流马赫数保持为常数来实现。速度比变化时的来流参数如表 3-4 所示。

表 3-4　速度比变化时的来流参数

研究变量	算例 1	算例 2	算例 3
R_u	0.45	0.6	0.75
Mc	0.65	0.65	0.65
R_ρ	1.0	1.0	1.0

图 3-41 给出不同速度比条件下无量纲流向平均速度场的等值线分布。随着速度比的增大，等值线 $\Psi=0.1$ 和 $\Psi=0.9$ 之间的距离显著减小，表明速度比的变化对于混合层的发展演化有很大影响。图 3-42(a)给出不同速度比条件下的速度厚度分布。可以发现，速度比的增大使得速度厚度的增长受到显著抑制。图 3-42(b)展示不同速度比条件下动量厚度沿流向的变化。在速度比 R_u=0.45 和 0.6 时，流动很快就失稳，而在 R_u=0.75 时，流动经历了一段大概 40mm 相互剪切的过程。之后大尺度 K-H 涡卷起且动量厚度以一个较低的增长率增长。这表明：尽管来流的对流马赫数相同，速度比的变化对于流动的混合过程仍然有很大的影响。同时，由于速度差很大，在速度比 R_u=0.45 时流动的湍流脉动更加显著。在速度比 R_u=0.6 和 0.75 时，流动相对稳定且呈现线性增长的动量厚度的脉动强度很微弱。

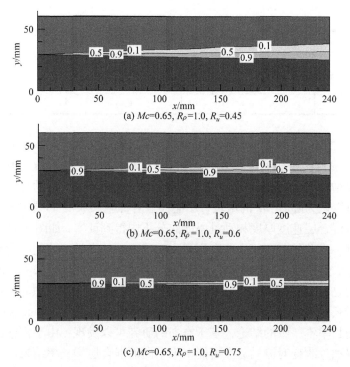

(a) Mc=0.65, R_ρ=1.0, R_u=0.45

(b) Mc=0.65, R_ρ=1.0, R_u=0.6

(c) Mc=0.65, R_ρ=1.0, R_u=0.75

图 3-41 无量纲流向平均速度等值线分布

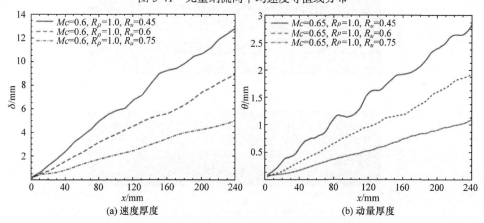

(a) 速度厚度

(b) 动量厚度

图 3-42 不同速度度比条件下的混合层厚度变化

3.3.3 对流马赫数变化的影响

尽管随着对流马赫数的增大，流场压缩性增强的同时混合层的增长率减小已经是一个共识，本书为了进行对比研究，仍然对对流马赫数这一变量对混合层发展演化的影响进行分析。表 3-5 为研究对流马赫数对流场混合特性影响时的来流参数。

表 3-5　研究对流马赫数对流场混合特性影响时的来流参数

研究变量	算例 1	算例 2	算例 3
R_ρ	0.75	0.75	0.75
R_u	0.6	0.6	0.6
Mc	0.4	0.65	1.0

图 3-43 给出不同对流马赫数条件下无量纲流向平均速度的等值线分布(Ψ=0.1、0.5 和 0.9)。显然由于压缩性的影响，随着对流马赫数的增大，流向剪切过程经历的流向距离增长。在 Mc=1.0 时，流向剪切距离达到 80mm，流动转捩受到显著抑制。这里可以认为随着 Mc 的增长，压缩性显著抑制了 K-H 涡结构的生长，这个结论可以从混合层速度厚度和动量厚度的分析中得到证实，如图 3-44 所示。在流动近场区域，流动的剪切行为非常剧烈，随着 Mc 的增长，速度厚度和动量厚度均显著减小。这表明压缩性抑制混合是通过推迟混合层的转捩来实现的。此外，值得注意的是，在远场区域 x>140mm，当密度比和速度比为常数时，这三个算例的混合层增长率近似相等。进一步地，考虑到 Clemens 等[35]和 Debisschop 等[15]得出混合层增长率不一致的结论，基于本书的研究可以发现：由于密度比和速度比的不同，仅通过改变对流马赫数可能带来不同的混合层增长率结果。

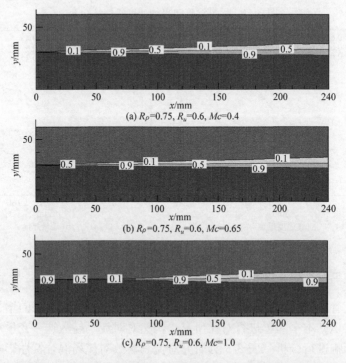

(a) R_ρ=0.75, R_u=0.6, Mc=0.4

(b) R_ρ=0.75, R_u=0.6, Mc=0.65

(c) R_ρ=0.75, R_u=0.6, Mc=1.0

图 3-43　不同对流马赫数下无量纲流向平均速度等值线分布

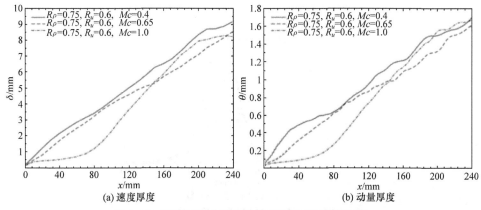

图 3-44　不同对流马赫数条件下的混合层厚度变化

3.3.4　湍流强度分布

对于混合层，流动中雷诺应力强度与混合过程和涡结构演化特性息息相关。在远场流动充分发展后进入自相似区域，意味着流动的平均量和湍流强度均呈现出自相似特性。因此，在本节中为了揭示不同来流参数变化对混合过程的影响，研究不同密度比、速度比和对流马赫数下雷诺应力在 $0.95Lx$ 处的分布。值得注意的是，为了展示剖面的变化特性，这里并没有对横向 y 坐标进行无量纲化。

图 3-45(a)为不同密度比下的雷诺应力分布。尽管剖面的形状类似，但很显然不同密度比下雷诺应力的峰值不同，并且在来流密度比相同时，雷诺应力峰值最大。湍流强度的峰值越大，表明流动越容易失稳并且流动的三维特性越显著，更多的大尺度涡结构破碎成小尺度涡结构，有利于提高上下两层来流的接触面积且提高来流的混合程度。因此，正如图 3-40 中所展现的，当来流密度比等于 1.0 时，在自相似区域混合层拥有更高的增长率。

图 3-45(b)给出不同速度比条件下雷诺应力的分布。很显然在速度比 $R_u=0.75$ 时，雷诺应力分布范围比另外两种情况要小很多，表明在流动的核心混合区；$R_u=0.75$ 时，

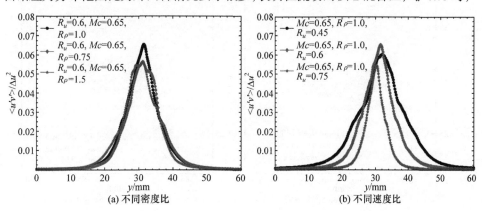

(a) 不同密度比　　　　　　　　　　　　(b) 不同速度比

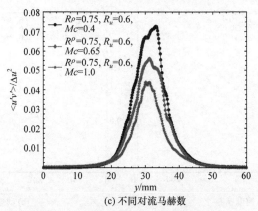

(c) 不同对流马赫数

图 3-45　不同来流条件下雷诺应力分布

湍流脉动要小很多。这种现象同样发生在图 3-45(c) 中 Mc=1.0 工况下。此外，正如
3.3.3 节所说，混合层倾向于向低速侧偏斜，特别是速度比 R_u=0.45 和 R_u=0.6 时。实
际上对于混合层，上下两层流动的非对称卷吸作用是偏斜现象出现的重要原因。

3.3.5　结构拓扑特性

为了研究不同来流条件下混合层流场结构的拓扑特性，本小节采用空间两点
相关性分析的方法进行研究。为了研究自相似区域结构的拓扑特性，参考点的位
置选择在流动的远场处 (192mm, 30mm)。

图 3-46 为不同密度比条件下的结构拓扑特性。可以发现，相关性云图呈现椭圆
分布的特性，并且长轴的方向向流动方向倾斜，这与前人的研究相一致。这里基于拓
扑云图，采用最小二乘法获得了流场结构尺寸。对于密度比分别为 0.75, 1.0 和 1.5 的
情况，被等值线 0.5 包围的相关系数分布云图的长轴和短轴分别为 d_1=7.348mm,
7.932mm, 7.857mm 和 d_2=3.446mm, 3.398mm, 3.721mm。显然密度比 R_ρ=1.0 时，结构
的尺寸稍微大些，同时结构的形状倾向于扁平化，长轴和短轴的比率 m 达到 2.334。

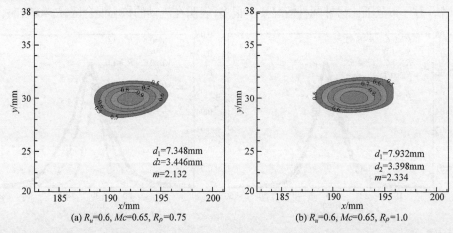

(a) R_u=0.6, Mc=0.65, R_ρ=0.75　　　　　　　(b) R_u=0.6, Mc=0.65, R_ρ=1.0

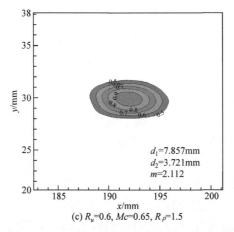

(c) R_u=0.6, Mc=0.65, R_ρ=1.5

图 3-46 不同密度比条件下空间相关性分布云图

图 3-47 为不同速度比条件下的空间相关分布云图。尽管均呈现出椭圆分布特

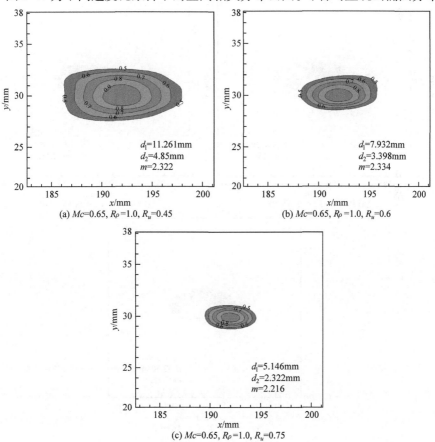

图 3-47 不同速度比下空间相关性分布云图

性，但随着速度比增大，结构尺寸显著减小。当速度比 R_u=0.75 时，最小二乘法拟合的椭圆的长轴和短轴分别为 5.146mm 和 2.322mm。回到图 3-39 可以发现，结构拓扑特性的变化对应混合过程的变化。速度比越大，结构的尺寸越小，混合层的增长率越低。

图 3-48 为不同对流马赫数下流场结构的相关性分布云图。可以发现，随着对流马赫数的增长，涡结构的尺寸减小但是减小的幅度并不明显。回到图 3-44 可以发现，这个现象是合理的。因为在远场区域，不同对流马赫数条件下混合层线性拟合的增长率近似相等。因此，尽管对流马赫数已经被证实是评估流动压缩性的重要无量纲参数，但是仅改变对流马赫数造成与前人研究结论不一致的情况。所以，流场的每一个主要独立参数，包括密度比 R_ρ、速度比 R_u 以及对流马赫数 Mc 的变化对流场混合过程和流动结构的影响，均需要单独研究以获得全面具体的结论。

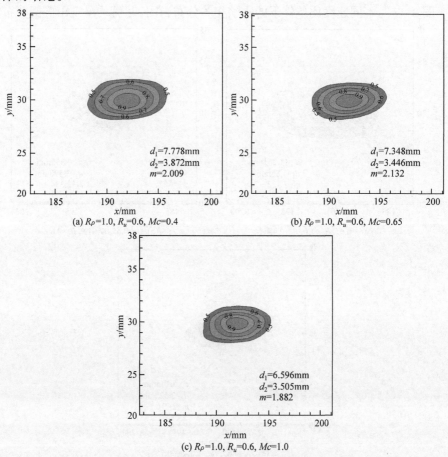

图 3-48　不同对流马赫数条件下空间相关性分布云图

参 考 文 献

[1] Tan J G, Zhang D D, Li H. Detailed experimental investigations on flow behaviors and velocity field properties of a supersonic mixing layer[J]. Acta Astronautics, 2018, 144: 30-38.

[2] Olsen M G, Dutton J C. Planar velocity measurements in a weakly compressible mixing layer[J]. Journal of Fluid Mechanics, 2003, 486: 51-77.

[3] Rossmann T, Mungal M G, Hanson R K. Evolution and growth of large-scale structures in high compressibility mixing layers[J]. Journal of Turbulence, 2002, 3: 9.

[4] Iyer A S, Rajan N K S. Simulation of spatial high speed mixing layers using LES[J]. Computers and Fluids, 2015, 109: 113-122.

[5] Ferrer M, Lehnasch P J, Mura G A. Direct numerical simulations of high speed reactive mixing layers[J]. Journal of Physics 2012, 395: 012004.

[6] Wang B, Wei W, Zhang Y L. Passive scalar mixing in $Mc<1$ planar shear layer flows[J]. Computers and Fluids, 2015, 123: 32-43.

[7] Goebel S, Dutton J. Experimental study of compressible turbulent mixing layers[J]. AIAA Journal, 1991, 29(4): 538-546.

[8] Lau J C. Effects of exit Mach number and temperature on mean flow and turbulence characteristics in round jets[J]. Journal of Fluid Mechanics, 1981, 105: 193-218.

[9] Barre S, Bonnet J P. Detailed experimental study of a highly compressible supersonic turbulent plane mixing layer and comparison with most recent DNS results: Towards an accurate description of compressibility effects in supersonic free shear flows[J]. International Journal of Heat and Fluid Flow, 2015, 51: 324-334.

[10] Watanabe S, Mungal M G. Velocity fields in mixing-enhanced compressible shear layers[J]. Journal of Fluid Mechanics, 2005, 522: 141-177.

[11] Delville J, Ukeiley L, Cordier L. Examination of large-scale structures in a turbulent plane mixing layer. Part 1. Proper orthogonal decomposition[J]. Journal of Fluid Mechanics, 199, 391:91-122.

[12] Barre S, Quine C, Dussauge J P. Compressibility effects on the structure of supersonic mixing layers: experimental results[J]. Journal of Fluid Mechanics, 1994, 259: 47-78.

[13] Gruber M R, Messersmith N L, Dutton J C. Three-dimensional velocity field in a compressible mixing layer[J]. AIAA Journal, 1993, 31: 2061-2067.

[14] Fu S, Li Q B. Numerical simulation of compressible mixing layers[J]. International Journal of Heat and Fluid Flow, 2006, 27(5):895-461.

[15] Debisschop J R, Chambres O, Bonnet J P. Velocity field characteristics in supersonic mixing layers[J]. Experimental Thermal and Fluid Science, 1994, 9(2): 147-155.

[16] Freund J B, Lele S K, Moin P. Compressibility effects in a turbulent annular mixing layer. Part 1. turbulence and growth rate[J]. Journal of Fluid Mechanics, 2000, 421: 229-267.

[17] Pantano C, Sarkar S. A study of compressibility effects in the high-speed turbulent shear layer using direct simulation[J]. Journal of Fluid Mechanics, 2002, 451: 329-371.

[18] Samimy M, Elliott G S. Effects of compressibility on the characteristics of free shear layers[J].

aiaa Journal, 1990, 28(3): 439-445.

[19] Urban W D, Mungal M G. Planer velocity measurements in compressible mixing layers[J]. Journal of Fluid Mechanics, 2001, 431: 189-222.

[20] Sandham N D, Reynolds W C. Three dimensional simulations of large eddies in the compressible mixing layer[J]. Journal of Fluid Mechanics, 1991, 224: 133-158.

[21] Zhou Q, He F, Shen M Y. Direct numerical simulation of a spatially developing compressible plane mixing layer[J]. Journal of Fluid Mechanics, 2012, 711: 437-468.

[22] Naughton J W, Cattafesta L N, Settles G S. An experimental study of compressible turbulent mixing enhancement in swirling jets[J]. Journal of Fluid Mechanics, 1997, (330): 271-305.

[23] Zhang D D, Tan J G, Yao X. Direct numerical simulation of spatially developing highly compressible mixing layer: Structural evolution and turbulent statistics[J]. Physics of Fluids, 2019, (31): 036102.

[24] Papamoschou D, Roshko A. The compressible turbulent shear layer: An experimental study[J]. Journal of Fluid Mechanics, 1988, 197: 453-477.

[25] Abramowich G N. The Theory of Turbulent Jets[M]. Cambridge: MIT Press, 1963.

[26] Arms R J, Hama F R. Localized-induction concept on a curved vortex and motion of an elliptic vortex ring[J]. Physics of Fluids, 1965, 8(8): 553~559.

[27] Nygaard K J, Glezer A. Evolution of streamwise vortices and generation of small-scale motion in a plane mixing layer[J]. Journal of Fluid Mechanics, 1991, 231(1): 257-301.

[28] Oster D, Wygnanski I. The forced mixing layer between parallel streams[J]. Journal of Fluid Mechanics, 1982, 113: 91-130.

[29] Fang X X, Shen C B, Sun M B. Effects of oblique shock waves on turbulent structures and statistics of supersonic mixing layers[J]. Physics of Fluids, 2018, 30: 116101.

[30] Goebel S G, Dutton J C, Krier H. Mean and turbulent velocity measurements of supersonic mixing layers[J]. Mineralium Deposita, 1994, 2: 263-272.

[31] Sarkar S. The stabalizing effect of compressibility in turbulent shear flow[J]. Journal of Fluid Mechanics, 1995, 282(1): 163-186.

[32] Sharma A, Bhaskaran R, Lele S K. Large-eddy simulation of supersonic, turbulent mixing layers downstream of a splitter plate[C]. VA: AIAA, 2012.

[33] Simon F, Deck S, Guillen P. Compressible mixing layer past an axisymmetric trailing edge[J]. Journal of Fluid Mechanics, 2007, 591: 215-253.

[34] Harsha P T, Lee S C. Correlation between turbulent shear stress and turbulent kinetic Energy[J]. AIAA Journal, 1970, 8(8): 1508-1510.

[35] Clemens N T, Mungal M G. Large-scale structure and entrainment in the supersonic mixing layer[J]. Journal of Fluid Mechanics, 1995, 284(1): 171-216.

[36] Zhang D D, Tan J G, Lv L. Characterization of flow mixing and structural topology in supersonic planar mixing layer[J]. Acta Astronautics, 2019, 156(1): 33-43.

[37] Dimotakis P E. Two-dimensional shear layer entrainment[J]. AIAA Journal, 1986, 24(11): 1791-1796.

第 4 章　基于机器学习的超声速混合层特性

机器学习是一种 Model-Free 的数据挖掘和建模方法，Mitchell[1]对其做了如下定义：对于某类任务 T 和性能度量 P，一个计算机程序被认为可以从经验 E 中学习是指，通过经验 E 改进之后，它在任务 T 上由性能度量 P 衡量的性能有所提升。机器学习不考虑数据背后各种复杂的已知或未知的物理因果关系，而是直接从数据本身出发，通过一定的优化算法寻找一个最优的数据相关关系模型来拟合物理因果关系。在流体力学领域，最基本的控制方程是 Navier-Stokes 方程，它是一组刻画密度、速度、温度等流场参数之间关系的高度非线性的偏微分方程。因此，各流场参数之间也存在强烈的非线性关系，而机器学习的核心内容就是通过对数据的挖掘和分析，来拟合不同量之间复杂的高度非线性对应关系，机器学习方法在流体力学领域具有广阔的应用前景。许多传统的机器学习方法，如本征正交分解(proper orthogonal decomposition，POD)、动力学模态分解(dynamic model decomposition，DMD)、K-Means 聚类分析、人工神经网络(artificial neural network，ANN)、支持向量机(support vector machine，SVM)等被应用于流体力学研究[2-5]。此外，2006 年 Hinton 等[6]提出了深度神经网络模型，成功实现了对深度神经网络的训练优化和参数调整，颠覆了学术界关于深度神经网络难以训练的认知，并由此兴起了新的机器学习领域——深度学习。经过十多年的发展，深度学习已成为当下最火热、效率最高及性能最好的数据科学方法，其相关的模型如深度神经网络(deep neural network，DNN)、卷积神经网络(convolution neural network，CNN)、循环神经网络(recurrent neural network，RNN)以及强化学习 (reinforcement learning，RL)方法等已广泛应用于计算机视觉、语音识别、自然语言处理等领域，在流体力学领域也有许多应用[6]。

本章采用基于 K-means 和马尔可夫链模型的系统动力学特性分析方法以及 POD 方法对超声速混合层流动的增长率、湍流张量场以及时空演化等特性开展基于深度学习的研究，致力于实现流场预测、流动模式识别及流动控制的要求。实际上通过广泛调研的文献来看，机器学习特别是深度学习在流体力学中的应用研究目前仍旧停留在低速流动领域，且大部分的工作均集中于概念验证，与实际工程应用还有很大差距。但是深度学习在流体力学尤其是超声速流动领域的广泛应用是大势所趋，学者们也曾明确指出深度学习在湍流乃至更广泛的复杂动力学系统中的应用只不过是时间问题。基于此，本书进行基于机器学习的超声速混合层过程初探的研究工作，力求为相关领域研究工作的开展提供一些参考。

4.1　基于深度学习的超声速混合层增长率数据处理

本书旨在采用深度学习方法建立基于深度神经网络的超声速混合层增长率预测模型，给出混合层平均速度增长率与速度比、温度比和对流马赫数等之间的定量关系。由于平均速度增长率值很小，其量级在 10^{-2}，为了避免由此引起神经网络训练过程中可能出现的梯度消失问题，对混合层速度增长率进行线性归一化处理，具体方法如下：选定合适的上边界值 y_{sup} 和下边界值 y_{sub}，则混合层增长率 y 对应的线性归一化增长率为

$$y_{\text{normal}} = \frac{y - y_{\text{sub}}}{y_{\text{sup}} - y_{\text{sub}}} \tag{4-1}$$

这样，所有的归一化增长率均在 $0 \sim 1$，可以有效地避免数值问题。

4.1.1　处理方法

采用基于深度学习方法的深度神经网络模型对计算结果进行处理，假设有

$$y = f(x) = g_n(\cdots\{g_2[W_2 \cdot g_1(W_1 \cdot x + b_1) + b_2]\}\cdots) + b_n \tag{4-2}$$

式中，x 是输入向量，由速度比、温度比和对流马赫数组成；y 是输出向量，是相应工况下的平均速度增长率；g_1，g_2，$\cdots$，g_n 是非线性激活函数；W_1，W_2，$\cdots$，W_n 是权重矩阵；b_1，b_2，$\cdots$，b_n 是偏置向量[7]。

在本书的研究中，将总共40组数据按7∶3的比例随机分为训练集和测试集。其中，训练集用于训练深度神经网络，对其中的权重和偏置参数进行优化；测试集则用于对深度神经网络处理效果进行测试。本书采用一个五层的深度神经网络，其中包含 1 个输入层、1 个输出层以及 3 层隐藏层，各层的节点数目依次为 3、9、6、3、1。

本书神经网络隐藏层所采用的非线性激活函数为 leaky-RELU(leaky-rectified liner unit)函数[8]，其具体形式为

$$f(x) = \begin{cases} x, & x \geqslant 0 \\ 0.2x, & x < 0 \end{cases} \tag{4-3}$$

该激活函数为深度学习领域常用的线性整流函数 RELU(rectified liner unit)的改进形式，它不仅可以有效地防止神经网络训练过程中可能出现的梯度消失和梯度爆炸，还解决了 RELU 函数对于负的输入值无法激活的问题，因而更适合于回归分析。

在神经网络训练过程中，很可能出现过拟合问题，过拟合是指神经网络在训

练数据集上表现良好、误差较小而在测试数据集上误差较大，即神经网络的泛化能力比较差。为了解决神经网络训练过程中出现的过拟合问题，对隐藏层采用"dropout 方法"，该方法的具体实现方式如下：在神经网络训练过程中，对各隐藏层每次以一定的比例随机将部分神经元节点的输出归零，这样就相当于同时并行训练多个神经网络。国内外许多研究结果表明，采用"dropout 方法"可以很好地解决过拟合问题。

本书深度神经网络所采用的训练方法为自适应矩估计(adaptive momentum estimation, AME)优化算法。该方法是传统随机梯度下降(stochastic gradient descent, SGD)算法的改进算法，它改变了 SGD 算法对于所有模型参数采用同一学习率的做法，充分利用参数梯度的一阶矩和二阶矩，为不同参数设计独立的自适应学习率。该方法收敛速度更快，学习效果更好，同时还可以纠正其他优化算法中存在的问题，如学习率消失、收敛过慢或损失函数波动较大等。本书深度神经网络所采用的基础学习速率为 0.001，超参数优化结果表明，该学习速率可以在保证良好处理效果的同时加快收敛速度。由于归一化的数据均处在 0~1，考虑到如果采用均方误差作为模型的误差函数可能出现误差函数值太小而导致梯度消失的情况，本书采用基于 L1 范数的误差函数，即

$$E = \frac{1}{n}\sum_{i=1}^{n}\left|y'_{i,\text{normal}} - y_{i,\text{normal}}\right| \tag{4-4}$$

式中，n 是每轮参与训练的样本数；$y_{i,\text{normal}}$ 是不同工况下混合层增长率；$y'_{i,\text{normal}}$ 则是相应的神经网络预测值。

4.1.2　评估指标

本书采用平均 L1 范数误差(mean L1 norm error，mNE)、皮尔逊相关系数 R、平均相对误差(mean relative error，mRE)、中位相对误差(medium relative error，MeRE)和最大相对误差(maximum relative error，MRE)作为模型的评估指标。平均 L1 范数误差能够反映模型的平均绝对预测误差；皮尔逊相关系数能够反映实际值与预测值之间的相关性；平均相对误差和中位相对误差能够反映模型的平均性能；而最大相对误差则可以反映模型在某些工况下的极限性能。因此，这些指标能够比较全面地评价模型。平均 L1 范数误差如式(4-4)所示，其余各评价指标定义如下。

$$R = \frac{\sum_{i}\left(y_{i,\text{normal}} - \overline{y_{i,\text{normal}}}\right)\left(y'_{i,\text{normal}} - \overline{y'_{i,\text{normal}}}\right)}{\sqrt{\sum_{i}\left(y_{i,\text{normal}} - \overline{y_{i,\text{normal}}}\right)^2}\sqrt{\sum_{i}\left(y'_{i,\text{normal}} - \overline{y'_{i,\text{normal}}}\right)^2}} \tag{4-5}$$

$$\text{mRE} = \frac{1}{n}\sum_{i=1}^{n}\frac{\left|y'_{i,\text{normal}} - y_{i,\text{normal}}\right|}{y_{i,\text{normal}}} \tag{4-6}$$

$$\text{MeRE} = \underset{i}{\text{medium}}\frac{\left|y'_{i,\text{normal}} - y_{i,\text{normal}}\right|}{y_{i,\text{normal}}} \tag{4-7}$$

$$\text{MRE} = \underset{i}{\max}\frac{\left|y'_{i,\text{normal}} - y_{i,\text{normal}}\right|}{y_{i,\text{normal}}} \tag{4-8}$$

4.1.3　结果分析

图 4-1(a)为神经网络训练过程中在训练数据集和测试数据集上的误差变化，从图中可以看出，前 50 轮训练中误差迅速下降，50～100 轮训练过程中误差仍在缓慢下降，100 轮训练之后随着训练轮数的增加误差没有明显下降，因此在 200 轮时停止神经网络的训练。此外，在停止训练时，训练数据集和测试数据集上的误差没有明显差距，因此可以认为神经网络的参数已经调至最优，并且没有出现过拟合。

图 4-1(b)为归一化的超声速混合层增长率预测结果。表 4-1 总结深度模型性能，从中可知，本书所采用的方法能够相对比较准确地刻画超声速混合层增长率与速度比、密度比以及对流马赫数之间的定量关系，归一化增长率预测值与数值模拟值比较接近，平均 L1 范数误差在 0.065 以下，混合层增长率预测值与实际值的皮尔逊相关系数 R 在 0.9 以上，预测平均相对误差 mRE 在 20%以下，预测中位相对误差 MeRE 在 10%以下。但是，在部分工况下预测值与实际值仍有很大差距，训练集上预测最大相对误差高达 75%，而测试集上预测最大相对误差为 38%。其主要原因是混合层增长率与速度比、密度比等参数的直接关系比较复杂，而本书的数据相对较少，因此很难实现基于数据的神经网络模型的进一步参数优化。

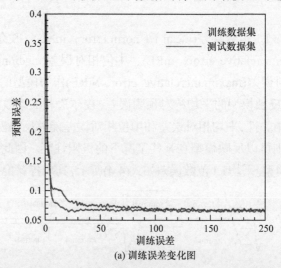

(a) 训练误差变化图

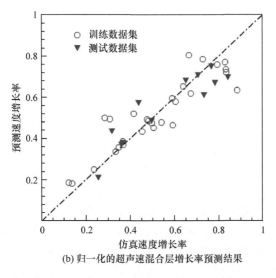

(b) 归一化的超声速混合层增长率预测结果

图 4-1　结果分析

表 4-1　深度模型性能

数据设置	mNE	R	mRE	MeRE	MRE
训练数据	0.0644	0.9022	15.06%	7.46%	75.13%
测试数据	0.0633	0.9147	12.50%	9.59%	38.19%

4.2　超声速混合层湍流张量场及动力学特性研究

湍流张量包括对称张量 S 和反对称张量 A，前者为应变变化率张量，后者则与涡量有关。湍流张量的空间分布和时间演化为湍流张量场。湍流张量场不仅包含丰富的流场信息，如流体拉压变形强度、角变形强度以及旋转运动强度等，还与其他流场参数如微元体受力、微元体变形以及能量的输运与转换等紧密相关，因此对于湍流张量场的研究非常重要。然而，湍流张量包含多个分量，并且各个分量的物理含义各不相同，因此一般很难深入研究湍流张量场结构。

超声速混合层流体系统是非常复杂的高度非线性高维动力学系统，要实现对该流体系统的高效稳定控制，就必须研究其动力学特性。此外，对于流体系统控制，一个有效的方法是采用合适的流场降阶模型将高阶变系数的非线性偏微分流体动力学系统降阶为低阶的常系数线性常微分动力学系统，然后对系统施加一定的激励从而实现流动系统控制。

本章首先简单介绍 K-means 聚类方法及其改进方法，采用一种基于 K-means 聚类的集流动模式识别、流场可视化与流场特征提取为一体的湍流张量场研究方法，对超声速混合层湍流张量场进行研究；然后介绍基于 K-means 聚类与马尔可夫链模型的系统动力学特性分析与系统降阶方法；最后采用该方法对超声速混合层流体动力学系统进行分析。

4.2.1　K-means 聚类方法

依据是否含有带标签数据(已知正确结果的数据)，以及处理过程中与外界是否有信息交互，传统的机器学习方法可以分为监督学习(supervised learning)、半监督学习(supervised learning)、无监督学习(unsupervised learning)和强化学习。其中，监督学习是指在一定量的有标签数据上训练机器学习模型，然后将训练好的模型用于无标签数据的处理。半监督学习是指在少量有标签数据上训练机器学习模型，然后将训练好的模型用于大量无标签数据的识别和处理。无监督学习是指对于大量无标签数据，通过一定的方法来分析和处理，以获得其中的主要特征和主要模式。强化学习是一类用于解决连续决策问题的机器学习方法，它要从非直接的、有延迟的激励回报中学习，从而在后续的决策问题中得到最大的激励回报。相比较而言，监督学习是目前应用最广的机器学习方法；半监督学习是联系监督学习和无监督学习的纽带，同时与人类的学习行为最类似；无监督学习不需要带标签的数据而能够直接从数据本身来发掘其主要模式和特征；强化学习综合应用前三种方法，可以广泛地应用于控制和决策领域。一般而言，很多情况下数据的真实结果很难知道，同时制作大规模带标签数据集非常困难，因此更多时候尝试采用半监督学习或者无监督学习方法解决问题。

在无监督学习领域，Mac 于 1967 年提出的 K-means 聚类算法是一种广泛采用的方法。该方法简单易行，时间和空间复杂度都比较低，能够非常高效地实现大规模数据挖掘，在数据研究和模式识别领域有着广泛的应用。K-means 聚类算法的基本思想是：首先，从 n 组样本数据中随机选择 k 个作为初始聚类中心点；然后，分别计算其他各个样本点到各初始聚类中心的距离，并把每个样本点归到与其距离最近的聚类中心所在的类，完成分类初始化；最后，计算每个新得到的子类中所有样本的平均值作为下一轮聚类的聚类中心，再以新的聚类中心重新进行聚类；这样依次进行多次迭代，直到聚类误差函数开始收敛，此时说明聚类完成。K-means 聚类算法中采用的距离一般是欧拉距离，即

$$D(\boldsymbol{x}, \boldsymbol{y}) = \|\boldsymbol{x} - \boldsymbol{y}\|_2^{\frac{1}{2}} = \sqrt{\sum_{i=1}^{m}(\boldsymbol{x}_i - \boldsymbol{y}_i)^2} \tag{4-9}$$

式中，m 是数据维度，K-means 聚类算法中采用的聚类判别函数一般是各个样本到其相应的聚类中心距离的平方和，即

$$J = \sum_{i=1}^{k} \sum_{x \in c_j} (x - m_i)^2 \tag{4-10}$$

式中，k 是分类数目；x 是属于类别 c_i 的任意样本点；m_i 是类别 c_i 的聚类中心。

K-means 聚类算法是一种经典的无监督学习算法，原理简单，快速宜行，对于类内距离近而类间距离远的球形分布数据，分类效果一般比较理想。然而，该算法也存在一些固有的缺陷。首先，K-means 聚类结果非常依赖对聚类数目的人为设定，聚类数目过少，可能会忽略一些比较重要的类别和模式；聚类数目过多，计算量加大，并且可能无法确定数据的主要特征和主要模式，而一般情况下，很难预知最优聚类数目，只能通过不断尝试来寻找最优聚类数目。其次，K-means 聚类算法具有不稳定性，它对初始聚类中心的选择非常敏感，初始聚类中心不同可能导致聚类效果的较大差异，随机选择的初始聚类中心可能导致算法陷入局部最优解而无法得到全局最优解。

为了克服 K-means 聚类算法的上述缺陷，学者们尝试从不同角度对原始算法进行改进，并提出了许多性能更好的方法。对于分类数目的选择，没有最好的选择聚类数目的方法，通常需要根据不同的问题人工进行选择，肘部法则(law of elbow)可以作为寻找适合聚类数目的参考，肘部是指聚类误差函数不再随聚类数目的增加而明显变化时的聚类数目，可以认为此时所有比较重要的类别和模式都已经识别出来，既没有遗漏也没有多余，聚类数目最为合适。

本书采用一种基于密度与最小距离的 K-means 改进算法[9]，该算法提出了样本数据密度与最小距离的概念，并综合考虑这两种因素来确定初始聚类中心，同时对于聚类数目的确定也有一定的参考意义，能够较好地克服原始算法的缺陷。其基本思想如下：对于整个样本数据集，定义截断距离 D_c 为样本中点与点距离的平均值。

$$D_c = \frac{1}{n^2} \sum_{i=1}^{n} \sum_{j=1}^{n} D(i, j) \tag{4-11}$$

式中，n 是样本总数。定义样本数据点 x_i 的数据密度 ρ_i 为到样本 x_i 的距离小于截断距离 D_c 的样本的数量，令

$$\aleph(i, j) = \begin{cases} 1, & D(i, j) < D_c \\ 0, & D(i, j) \geqslant D_c \end{cases} \tag{4-12}$$

则有

$$\rho_i = \sum_{i=1}^{n} \aleph(i, j) \tag{4-13}$$

从几何上考虑，样本数据点 x_i 的数据密度 ρ_i 可以认为是高维空间内以样本数据点 x_i 为"球心"，以截断距离 D_c 为半径的"高维球体"内样本点的个数，ρ_i 越

大，则样本 x_i 周围的样本越多，样本 x_i 成为聚类中心的可能性也越大。此外，样本数据点 x_i 到其他数据密度更高的点的最小距离为 δ_i。

$$\delta_i = \min_{j,\rho_j>\rho_i} D(i,j) \tag{4-14}$$

对于数据密度最大的点，δ_i 为其到其他点的最小距离。δ_i 越大，则该点到其他数据密度较大的点的距离越远，该点成为聚类中心的可能性也越大。综合考虑样本数据点 x_i 的数据密度与最小距离，令

$$\theta_i = \rho_i \cdot \delta_i \tag{4-15}$$

综合指标 θ_i 值越大，则该点在拥有较大数据密度的同时，距离其他数据密度较大的样本点的距离也越远，该点成为初始聚类中心的可能性也越大。通过比较 θ 值的大小，可以比较恰当地选择分类数目并确定初始聚类点。在某些情况下，两个样本数据点距离较近，因而具有相同或相近的数据密度 ρ、最小距离 δ 及综合指标 θ，并且其 θ 足够大以至于可能成为聚类中心，则选取 θ 值较大的点作为聚类中心，若 θ 值完全相同则取二者的均值作为聚类中心。该改进方法能够很好地克服原始 K-means 聚类算法的固有缺陷，一般都可以得到近似全局最优解甚至全局最优解。

4.2.2　基于 K-means 聚类的湍流张量场研究

本节主要研究二维流场应变变化率张量 S 和二维流场旋度张量 A 的各个分量。对于二维流场应变变化率张量 S，共有 4 个分量，由于其为对称张量，故有 3 个独立分量；对于二维流场旋度张量 A，共有 4 个分量，由于其为反对称张量且主对角线上元素均为 0，故仅有 1 个独立分量；因此本节研究 4 个张量分量，其具体数学形式和物理意义如表 4-2 所示。

表 4-2　张量分量的数学形式和物理意义

研究张量	数学形式	物理意义	其他说明
二维流场应变变化率张量 S	$\dfrac{\partial u}{\partial x}$	x 方向线应变变化率	x 方向与 y 方向线应变变化率之和为体积应变率；线应变反映拉压变形，角变形率反映剪切和角度变形，二者相互影响
	$\dfrac{\partial v}{\partial y}$	y 方向线应变变化率	
	$\dfrac{1}{2}\left(\dfrac{\partial v}{\partial x}+\dfrac{\partial u}{\partial y}\right)$	角变形率	
二维流场旋度张量 A	$\dfrac{1}{2}\left(\dfrac{\partial v}{\partial x}-\dfrac{\partial u}{\partial y}\right)$	流体微团瞬时旋转角速度	反映流体涡旋运动的强度，其 2 倍为涡量

4.2.3 聚类数目与聚类中心

图 4-2 为聚类均方距离随聚类数目 N 的变化，从图中可以看出，随着聚类数目的增加，聚类均方距离逐渐下降。

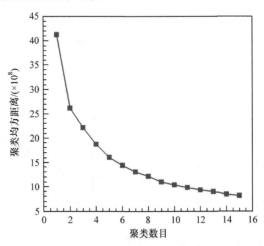

图 4-2　聚类均方距离随聚类数目的变化

图 4-3 中(a)～(f)分别为不同聚类数目时各聚类中心张量示意星图，各聚类中心按其权重(属于该聚类中心的网格点的数目)从大到小依次排列，对于 N 个聚类中心组成的 $N×M$ 聚类中心矩阵 c，M 为数据维度，其元素 C_{ij} 为第 i 个聚类中心的第 j 个分量，归一化聚类中心矩阵 c 满足

$$c_{ij} = \frac{C_{ij} - \min_j C_{ij}}{\max_j C_{ij} - \min_j C_{ij}} \tag{4-16}$$

这样，对于每个维度，最大值为 1 对应星图上该维度方向最大长度，最小值为 0 对应星图上该维度方向最小长度。在本书中从 0°方向逆时针开始，0°方向、90°方向、180°方向以及 270°方向依次为表 4-2 所示四个分量。此外，需要指出的是，图 4-3 中的张量星图考虑了张量分量的符号，采用线性归一化的方式，即负方向的绝对值较大的张量分量对应的星角线长度要小于正方向的绝对值较小的张量分量。因此，图 4-3 中的星图只是反映相应的张量模式，而无法反映各张量分量的实际相对大小。由图 4-3 可知，从 3 分类至 4 分类，原有的第三分类消失，新增第二和第四分类；从 4 分类至 5 分类，原有的第三分类消失，新增第二和第四分类，并且新增的第二分类和原有的第三分类结构类似；从 5 分类至 6 分类，在原有分类的基础上新增第二分类；分类数目大于 5 之后，前四分类和最后一分

类的形态基本不再发生变化，这几种是该工况下的湍流张量场的主要模式，其余的几类权重相对较小，并且随着聚类数目的增加其形态也不断变化，因此可以认为这几类不是主要张量模式。

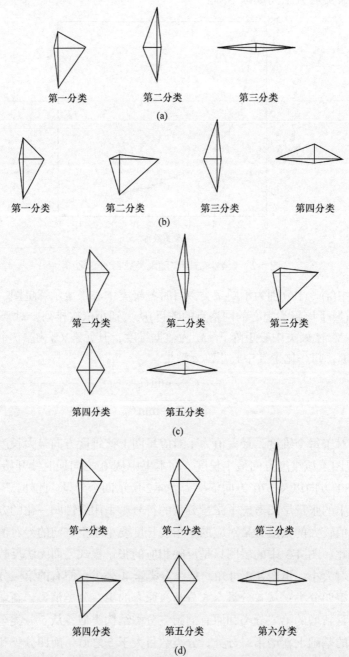

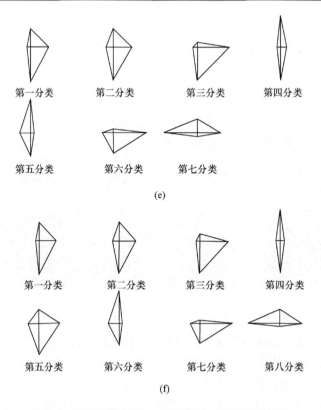

图 4-3　不同聚类数目 N 时聚类中心张量示意星图

4.2.4　聚类结果空间分布

图 4-4 中(a)～(f)分别为不同聚类数目时聚类结果空间分布示意图,从第一分类到最后分类,第一分类为蓝色区域,最后分类为红色区域,各个分类颜色不同。从图 4-4 中可以看出,不论聚类数目为多少,聚类结果空间分布均以蓝色区域(第一分类)为主,且主要分布在流场上下两侧,而其他分类的区域则主要集中在流场中央两股来流相互接触的区域。因此,可以认为第一分类主要反映未混合区域的张量模式,而其他分类则反映混合区域的张量模式,聚类结果较好地反映了流场结构,展现了流场结构特征。此外,各分类数目下所展现的流场特征区域空间分布具有较高的一致性,从 3 分类到 6 分类,随着分类数目的增加分类结果所展现的流场特征结构逐渐精细化,分类数目大于 6 之后,随着分类数目的增加分类结果空间分布不再发生明显变化,这与关于流场张量星图的分析结果相一致。

图 4-5 中(a)和(b)分别为 6 分类时聚类中心张量示意星图及其空间分布,与图 4-3 中不同的是,该图不考虑各个张量分量的符号,只比较其绝对值大小,星图下方括号内为各个分量的符号。对比图 4-5(a)、(b)可知:第一分类与第二分类

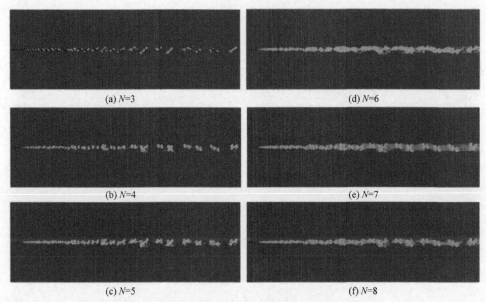

(a) N=3　　　　　　　　　　　　(d) N=6

(b) N=4　　　　　　　　　　　　(e) N=7

(c) N=5　　　　　　　　　　　　(f) N=8

图 4-4　不同聚类数目 N 时聚类结果空间分布示意图

张量星图比较接近，各张量分量值相对较小；相比较而言，第二分类各张量分量略大于第一分类，这是因为第一分类网格点主要处于未混合区域，而第二分类网格点大多处于已混合区域；第三分类和第四分类星图完全一致，但 x 方向和 y 方向线应变变化率符号相反，均以线应变为主，角应变变化率和角速度相对较小，并且第三分类和第四分类总是环绕第五分类呈对称分布，可以认为其代表流场中的某些大尺度结构；第五分类主要以旋转为主，其线应变和角变形率分量相对较小，前面分析已经指出，第五分类不是流场主要张量模式，随着分类数目的增加其张量星图不断发生变化，再考虑其空间分布特点，可以认为第五分类主要代表流场中的小尺度结构，在该区域主要发生大涡的破碎、小涡的生成以及涡的耗散，涡的形态和空间尺度差异很大，因此该分类主要以旋转为主，并且随着分类数目的增加，其张量形态不断变化；第六分类主要以剪切应变和旋转为主，从空间分布来看，其主要分布在混合层入口区域自由剪切段以及混合层初始发展段，在这些区域，两股不同速度的流动刚开始接触，横向速度梯度很大，因而其主要以剪切和旋转为主。

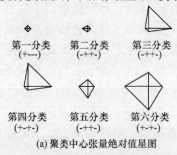

第一分类　　第二分类　　第三分类
(+---)　　　(-++-)　　　(-++-)

第四分类　　第五分类　　第六分类
(+-+-)　　　(-++-)　　　(+-+-)

(a) 聚类中心张量绝对值星图

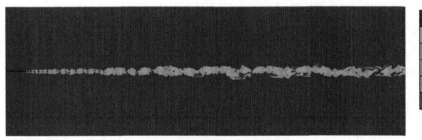

(b) 聚类结果空间分布图

图 4-5　6 分类聚类结果

4.2.5　聚类结果的时间演化

图 4-6 为同一工况下流动充分发展进入接近周期性的流动阶段后，不同时刻
6 分类聚类中心张量星图，从图中可以看出，除了并非主要湍流模式的第五分类
外，不同时刻聚类中心张量星图基本相同，这说明前四分类和第六分类确实是张
量模式，与前面的分析结果一致。

随机过程的遍历性(ergodicity)是指在子采样集 T 上，随机过程按照其分布函
数遍历所有状态，也就是说，随机过程在子采样集 T 上的时间统计平均特性与其
总体的统计平均特性(系综统计平均特性)相同，时间的平均可以代表总体的平均。
在工程技术领域，由于技术手段和试验资源的限制，通过各种技术手段测量得到

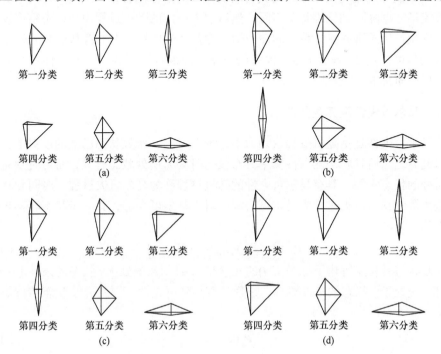

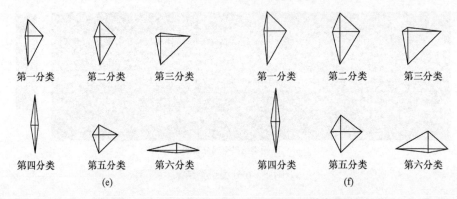

图 4-6　同一工况下不同时刻 6 分类聚类中心张量星图

的数据往往只是随机过程的一个样本，要得到随机过程的总体特性就必须研究其遍历性。流体动力学系统是一个决定性系统(deterministic system)，其时空的演化受流体动力学控制方程组严格控制，然而，在某些条件下，如固定结构、固定边界条件下，下一时刻的流场结构仅与当前时刻的流场结构有关，而与之前的历史状态无关，则可以采用一定的随机过程模型来模拟流场的时间演化，对于二维流动这种拟合的可行性已经得到严格的数学证明，对于三维流动在许多情况下这种拟合也是可行的[10]。因此，可以将流体动力学系统视为概率性系统(probabilistic system)，仅考虑流场数据而忽略其背后的流体力学控制方程，采用一定的聚类方法将流场数据降阶到低维状态空间，然后引入一定的随机过程模型来考察流场状态的变化，从而研究流体系统的动力学特性及其遍历性。本书将基于 K-means 聚类与马尔可夫链(Markov chain)模型研究超声速混合层流场动力学特性及其遍历性，以下简称 K-M 模型。

4.2.6　马尔可夫链及其遍历性

马尔可夫性是指随机过程或动力学系统在时刻 t_0 所处状态已知的前提下，其在时刻 t_0 之后所处状态的条件概率分布仅与时刻 t_0 所处状态有关，而与时刻 t_0 之前所处的状态无关。具有马尔可夫性的随机过程称为马尔可夫过程，时间和状态都是离散的马尔可夫过程为马尔可夫链。对于马尔可夫链，其 n 步状态转移矩阵定义为

$$P_{ij}(n) = P\{X_{m+n} = j \mid X_m = i\} \tag{4-17}$$

即 n 步状态转移矩阵中下标为 (i, j) 的元素是 m 时刻系统处于 i 状态的条件下 $m+n$ 时刻系统处于 j 状态的条件概率，过程具有马尔可夫性，因此 n 步状态转移矩阵满足

$$P_{ij}(n) = P_{ij}^n \tag{4-18}$$

式中，P 是一步状态转移矩阵，而 n 步状态转移矩阵是一步状态转移矩阵的 n 次方，因此一步状态转移矩阵可以描述过程或系统的动力学特性。对于状态转移矩阵 P 有非负性和归一性。

$$P_{ij}(n) \geqslant 0 \tag{4-19}$$

$$\sum_{j=1}^{k} P_{ij} = 1 \tag{4-20}$$

设 π_0 为初始时刻系统的状态概率分布，π_n 为 n 时刻系统的状态概率分布函数，则有

$$\pi_n = \pi_0 \cdot P^n \tag{4-21}$$

如果一步状态转移矩阵 P 满足

$$P^{\infty} = \lim_{n \to \infty} P^n = \begin{bmatrix} \pi \\ \pi \\ \vdots \\ \pi \\ \pi \end{bmatrix} = \begin{bmatrix} \pi_1 & \pi_2 & \cdots & \pi_{k-1} & \pi_k \\ \pi_1 & \pi_2 & \cdots & \pi_{k-1} & \pi_k \\ \vdots & \vdots & & \vdots & \vdots \\ \pi_1 & \pi_2 & \cdots & \pi_{k-1} & \pi_k \\ \pi_1 & \pi_2 & \cdots & \pi_{k-1} & \pi_k \end{bmatrix} \tag{4-22}$$

即当时间步 n 足够大时，n 步状态转移矩阵收敛并且其各行向量均为 π，则称此马尔可夫链是遍历的，π 为该马尔可夫链的平稳分布。马尔可夫链的遍历性意味着不论初始状态如何，当时间步趋于无穷大时，系统总是以相同的概率 π_i 到达状态 i，并且系统处于状态 i 的时间所占的比例也为 π_i。另外，如果马尔可夫过程是遍历的，则其时间步 n 足够大时有

$$\pi_{n+1} = \pi_n = \pi_n \cdot P = \pi \tag{4-23}$$

即系统 $n+1$ 时刻的状态概率分布与 n 时刻的相同，均为平稳分布，并且其平稳分布为其一步状态转移矩阵 P 对应左特征值 1 的满足非负性和归一性的特征向量。

4.2.7 基于 K-M 模型的流体系统动力学特性分析方法

K-M 模型的具体流程如图 4-7 所示。

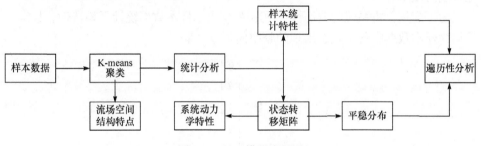

图 4-7 K-M 模型流程图

首先采用 K-means 聚类方法将样本中不同时刻的流场数据进行分类，并统计各类所占的比重。

$$q_i = \frac{N_i}{N} \tag{4-24}$$

式中，q_i 是第 i 类所占的比重；N_i 是属于第 i 类样本的个数；N 是样本总数。$\boldsymbol{q}$ 是样本数据中各个状态出现的频率向量，反映样本数据的时间统计特性。接着引入马尔可夫链模型，以聚类类别作为状态，根据样本数据中状态的转移和变化建立状态转移矩阵。

$$\boldsymbol{P}_{ij} = \frac{N_{ij}}{N_i} \tag{4-25}$$

式中，N_{ij} 是当前时刻系统状态为 i，下一时刻系统状态为 j 的次数；N_i 是系统处于状态 i 的次数。

这样，如果该马尔可夫链具有遍历性，并且其平稳分布与样本数据的统计平均特性相同，则可以说明此流体系统具有遍历性，同时其聚类结果可以反映流场结构特点，而状态转移矩阵则反映其动力学特性。

聚类分析是 K-M 模型的基础，因此引入分类直径、分类标准差和类间距离等参数对聚类结果进行评估。分类直径是指从属于同一分类的数据样本的最大距离。

$$d_i = \max_{m,n} \left\| \boldsymbol{X}_m - \boldsymbol{X}_n \right\|_2, \quad \boldsymbol{X}_m, \; \boldsymbol{X}_n \in c_i \tag{4-26}$$

分类标准差是从属于同一分类的数据样本的标准差。

$$R_i = \sqrt{\frac{1}{N_i} \sum_m \left\| \boldsymbol{X}_m - c_i \right\|_2}, \quad \boldsymbol{X}_m \in c_i \tag{4-27}$$

类间距离是指两个聚类中心的距离，即

$$D_{ij} = \left\| c_i - c_j \right\|_2 \tag{4-28}$$

其中，分类直径和分类标准差是对聚类结果均一性(homogeneous)的度量，而类间距离则是对各个分类之间差异的度量，同时可以视为高维空间内状态转移轨迹长度的度量。

为了定量分析系统的遍历性，用矩阵 $\boldsymbol{Q}$ 表示样本数据统计平均特性，其每一行均为样本数据中各个状态出现的频率向量 $\boldsymbol{q}$，即

$$\boldsymbol{Q} = \begin{bmatrix} \boldsymbol{q} \\ \boldsymbol{q} \\ \vdots \\ \boldsymbol{q} \\ \boldsymbol{q} \end{bmatrix} \tag{4-29}$$

再引入 K-L 熵(Kullback-Leibler entropy)来评估马尔可夫过程 n 步状态转移矩阵 P_n 与样本数据统计平均特性矩阵 Q 的差异。

$$H(P^n, Q) = P^n \cdot \ln \frac{P^n}{Q} = \sum_{i=1}^{k} \sum_{j=1}^{k} P_{ij}^n \ln \frac{P_{ij}^n}{Q_{ij}} \tag{4-30}$$

如果系统是遍历的，那么随着 n 的增大，P_n 逐渐接近 Q，H 则趋近于 0，当 n 趋近于无穷大时，H 值的大小反映了系统的遍历性，若 H 为 0 或接近 0，则系统是遍历的，否则系统是非遍历的。

4.2.8　基于 K-M 模型的超声速混合层流体系统动力学特性研究

本节采用 K-M 模型对超声速混合层流体系统的动力学特性进行研究，首先考察聚类结果的均一性，然后研究系统状态转移特性，并将状态转移特性与聚类结果进行对比，研究聚类结果空间结构特点，接着考察该流体系统的遍历性，然后将 K-M 模型作为一种流场降阶方法与 POD 方法进行对比。

1. 聚类结果均一性分析

图 4-8 和图 4-9 分别为各聚类类别的类别直径和类别方差，从图中可以看出，各聚类类别的类别直径均在 5 左右，最小值与最大值相差约 11%，分布相对比较均匀；各聚类类别的类别方差均在 170 左右，最小值与最大值相差不超过 2%，分布也比较均匀。因此，可以认为聚类结果具有良好的均一性。

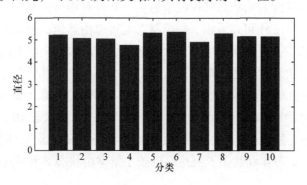

图 4-8　类别直径

2. 状态转移特性分析

图 4-10 为聚类状态时序变化图，从图中可以看出，随着时间步的增长，流场聚类状态不断变化，但是其变化并没有明显的周期性，相反聚类状态的变化呈现出一定的随机性。

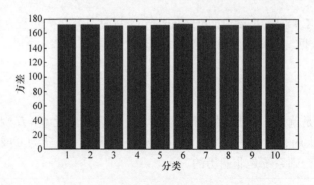

图 4-9　类别方差

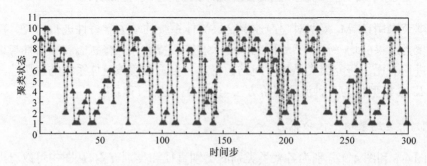

图 4-10　聚类状态时序变化图

图 4-11(a)为状态转移矩阵，矩阵元素(i, j)代表从当前状态 i 向状态 j 转移的概率，图中颜色越深表明状态转移概率越大，并且对相对重要的状态转移路径做了框示。从图 4-11(a)中可以看出，每个状态均可以由其他部分状态到达，并可以到达其他部分状态；每个状态均以最大概率到达当前状态，以不同概率到达其他部分状态，而无法到达其他全部状态；每个状态都可以由其他部分状态以不同概率到达，但无法由其他全部状态到达。以状态 1 为例，它以最大概率到达状态 1，以较大概率到达状态 2，以相对较小的概率到达状态 9 和状态 10，以较小概率到达状态 5、状态 6 和状态 8，无法到达状态 3、状态 4 和状态 7；同时，它以较大概率由状态 1、状态 4 和状态 5 到达，以较小概率由状态 6 和状态 8 到达，无法由其他状态到达。

图 4-11(b)为聚类中心距离矩阵，矩阵元素(i, j)代表聚类中心 i 和聚类中心 j 之间的欧氏距离，图中颜色越深表明距离越大，并与图 4-11(a)类似对相对重要的状态转移路径做了框示。对比图 4-11(a)和图 4-11(b)可知，相对重要的状态转移路径其两个状态之间的距离相对较小，即状态转移主要沿着类间距离相对较小的聚类状态进行。

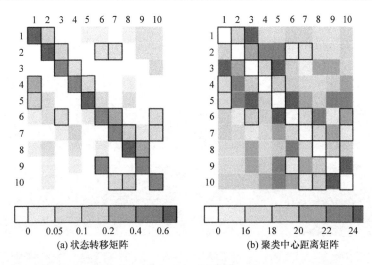

(a) 状态转移矩阵　　　　　　　　　(b) 聚类中心距离矩阵

图 4-11　两类矩阵

图 4-12 为主要状态转移路径，图中只给出部分相对重要的状态转移路径，同时对从状态 i 到状态 i 自身的转移没有图示。从图 4-12 可以看出，10 个状态可以大致分为两类，状态 1 至状态 5 为第一类，5 个状态之间的状态转移组成一个比较简单的单向环，此外，状态 4 和状态 1 之间发生单向的状态转移；状态 6 至状态 10 为第二类，状态 6 至状态 9 之间组成一个比较简单的单向环，此外，状态 10 与状态 6、状态 7 和状态 8 之间也存在单向或双向的状态转移；两类之间主要通过状态 2、状态 3、状态 6 和状态 7 联系，状态 2 和状态 6、状态 7 之间存在单向的状态转移，状态 3 和状态 6 之间存在单向的状态转移。

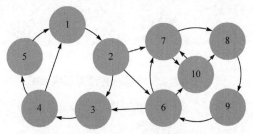

图 4-12　主要状态转移路径

图 4-13 中(a)～(j)和图 4-14 中(a)～(j)分别为对应聚类中心流向速度等值线云图和横向速度等值线云图。从图 4-13 和图 4-14 中可以看出，各个聚类中心的速度云图流动形态基本类似，其主要差别在于空间位置，因此可以认为不同聚类中心即代表了流体系统的不同相位。此外，从图 4-14 中可以看出，状态 1 至状态 5 横向速度等值线相对比较扭曲，而状态 6 至状态 10 横向速度等值线相对比较光滑，前人在研究不可压混合层时也发现了类似现象，并指出这两类分别由不同的

流动机理主导，前者与分频不稳定性(subharmonic instability)有关，后者则由更高频的 Kelvin-Helmholtz 涡主导。此外，与 Kaiser 等[10]的研究结果不同的是，本书并未发现两类之间的波数差异。

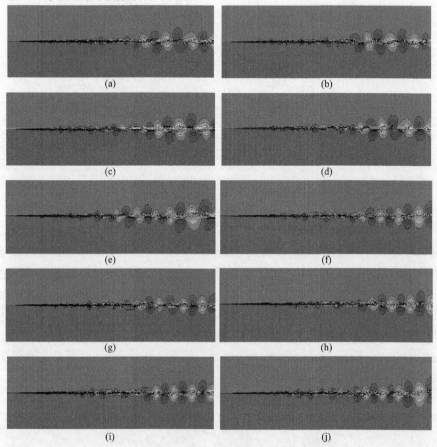

图 4-13　聚类中心流向速度等值线云图

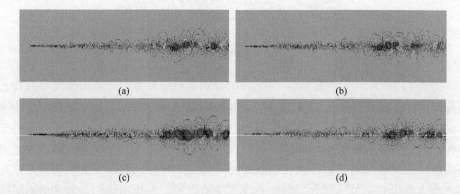

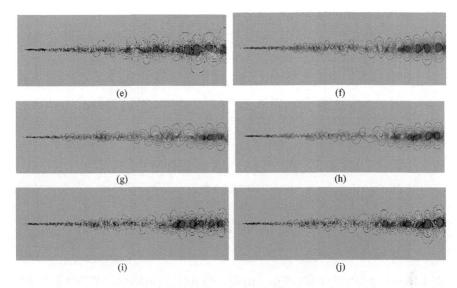

图 4-14　聚类中心横向速度等值线云图

图 4-15(a)和图 4-15(b)分别为聚类类别随第 1、2 阶 POD 模态系数和第 3、4 阶 POD 模态系数分布图。从图 4-15(a)中可以看出，聚类类别随 POD 模态系数呈集聚分布，即属于相同聚类类别的点分布在系数平面内的相近区域，如果对系数平面进行恰当的划分，则除第 5 类外其他各类均在一定的区域内占主导地位，第 5 类的分布则相对零散。需要指出的是，这样的划分并不能严格区分各个类别，某一类别占据主导地位的区域也会出现属于其他类别的点，这是因为第 1、2 阶 POD 模态虽然有着较高的模态能量，但是也仅能体现部分流场特征。从图 4-15(b)中也能看到类似于图 4-15(a)的集聚分布特点，然而各个类别点的分布更为零散，并且交错分布，类似于图 4-15(a)的平面划分已经很难进行。这主要是因为对于 POD 模态，更低阶的模态有更高的模态系数，包含更丰富的、更主要的流场特征，而较高阶的模态包含的流场信息相对较少，一般认为高阶模态包含更多的随机脉动信息。

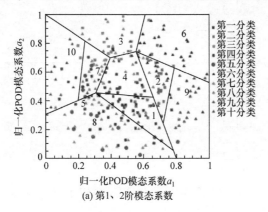

(a) 第1、2阶模态系数

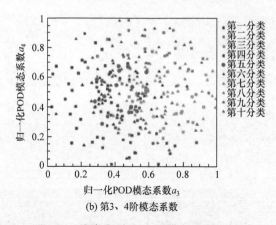

(b) 第3、4阶模态系数

图 4-15 聚类类别随 POD 模态系数分布图

3. 流体系统遍历性分析

图 4-16(a)～(d)分别为 1 步、5 步、10 步、50 步状态转移矩阵。在图 4-16(b)和图 4-16(c)中框示各列占少数的矩阵元素，图 4-16(d)中框示一行矩阵元素，该行为本书流体系统对应的马尔可夫过程的平稳分布。从图 4-16 中可以看出，随着时

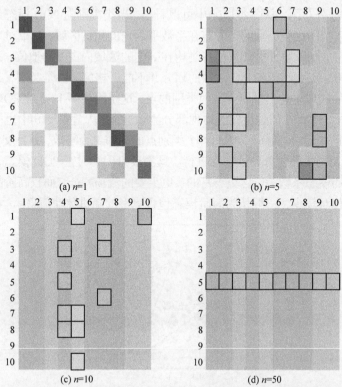

图 4-16 n 步状态转移矩阵

间步数 n 的增大，n 步状态转移矩阵各行分布趋于一致，各列元素趋于相同。50 步状态转移矩阵时各行分布完全一致，各列元素完全相同，这表明此马尔可夫过程是遍历的，50 步状态转移矩阵中各行元素为其平稳分布。

图 4-17(a)为马尔可夫过程 1 步状态转移矩阵特征值分布。从图 4-17(a)中可以看出，1 步状态转移矩阵最大特征值为 1，即其谱半径(spectral radius)为 1，其他特征值不论实数还是共轭复数，其幅值均小于 1。因此，对于 n 步状态转移矩阵，其特征值为 λn，当 n 增大时，特征值 1 保持不变，而其他特征值 λn 逐渐趋近于 0；当 n 足够大时，n 步状态转移矩阵 $\boldsymbol{P}_n$ 仅有单一非零特征值 1，其他特征值均为 0，其秩为 1。这样，n 步状态转移矩阵 $\boldsymbol{P}_n$ 为满足非负性和归一性的秩为 1 方阵，其必为各行分布一致的矩阵，即此马尔可夫过程是遍历的。

图 4-17(b)为 n 步状态转移矩阵收敛特性，由图可知，随着 n 的增大，n 步状态转移矩阵第 2 特征值的模 $|\lambda_2|$ 逐渐减小，当 n 接近 15 时，$|\lambda_2|$ 接近于 0，这表明 $\boldsymbol{P}_n$ 的变化已经很小，其分布已经接近平稳分布。此外，随着 n 的增大，$\boldsymbol{P}_n$ 与样本数据统计特性矩阵 $\boldsymbol{Q}$ 之间的 K-L 熵不断减小，这表明两个矩阵的分布逐渐接近。当 n 大于 15 时，随着 n 的增大，K-L 熵保持在较低水平不再变化，这表明马尔可夫过程平稳分布与样本数据统计分布虽然有一定的差异，但二者仍然具有较好的一致性，该流体系统具有遍历性，即样本时间统计特性可以代表系统系综平均特性。图 4-18 为马尔可夫过程平稳分布与样本数据统计分布，二者有一定差异但仍然具有较好的一致性，这也说明该流体系统是具有遍历性的。

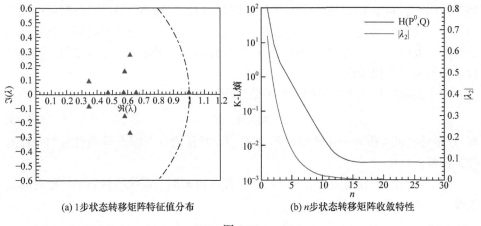

(a)1步状态转移矩阵特征值分布　　　　(b)n步状态转移矩阵收敛特性

图 4-17

4. K-M 模型的连续观点解释

本书的马尔可夫模型是离散模型，其概率分布 $\boldsymbol{\pi}$ 的变化满足

$$\boldsymbol{\pi}_{n+1} = \boldsymbol{\pi}_n \boldsymbol{P} \tag{4-31}$$

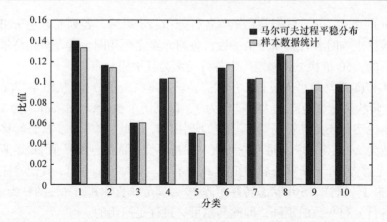

图 4-18 马尔可夫过程平稳分布与样本数据统计分布

如果从连续的观点看待此问题，则其近似于一个自治的(autonomous)微分动力学系统。

$$\frac{\mathrm{d}\boldsymbol{\pi}}{\mathrm{d}t} = \boldsymbol{\pi} \cdot \frac{\ln \boldsymbol{P}}{\Delta t} \tag{4-32}$$

式中，Δt 是离散系统的时间步长。从数学定义上考虑，要使两个模型完全等价，则应当使 Δt 无限趋近于 0，然而实际上不论是对数值计算样本数据还是试验测量样本数据这都是无法实现的，前者要求极小的计算时间步长以及与此相对应的能够保证计算方法数值稳定性的极大计算网格量，后者则要求试验系统极高的采样频率。因此，对于 K-M 模型，只要满足时间步长 Δt 远小于流动特征时间即可。对于本书所研究的超声速混合层流动，取其流体流过一个通流的时间为其流动特征时间，大约为 1.5ms，而时间步长 Δt 为 0.01ms，二者相差两个数量级，因此可以认为其满足近似条件。

对于离散的马尔可夫模型，其平稳分布 $\boldsymbol{\pi}_s$ 满足

$$\boldsymbol{\pi}_s = \boldsymbol{\pi}_s \cdot \boldsymbol{P} \tag{4-33}$$

即 $\boldsymbol{\pi}_s$ 是马尔可夫模型一步转移矩阵 $\boldsymbol{P}$ 对应左特征值 1 的满足非负性和归一性的特征向量。

对于相应的微分动力系统，当系统状态达到 $\boldsymbol{\pi}_s$ 时，系统的状态不再随时间发生变化，即 $\boldsymbol{\pi}_s$ 是该系统的平衡点。

$$\left.\frac{\mathrm{d}\boldsymbol{\pi}}{\mathrm{d}t}\right|_{\boldsymbol{\pi}=\boldsymbol{\pi}_s} = \boldsymbol{\pi}_s \cdot \frac{\ln \boldsymbol{P}}{\Delta t} = 0 \tag{4-34}$$

即可以认为 $\boldsymbol{\pi}_s$ 是微分动力系统系数矩阵对应左特征值 0 的满足非负性和归一性的特征向量。

图 4-19 为分别通过 K-M 模型和常微分方程模型求解出的平稳分布，可以看

出，通过两种方法求解出的平稳分布是完全相同的，这也表明离散系统与微分动力系统是相当的。

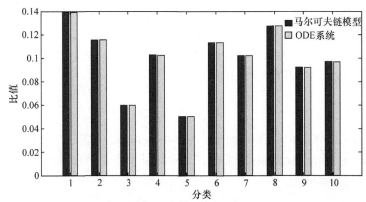

图 4-19　K-M 模型与常微分方程模型平稳分布对比

由以上分析可知，对于本书研究的超声速混合层流体系统，K-M 模型实际上将变系数的偏微分流体动力学动力系统降阶为自治的常系数常微分动力系统，可以将其视为一种流场降阶模型。

表 4-3 列出 POD 方法与该模型的异同，可供读者进行一些对比研究。

表 4-3　POD 方法与 K-M 模型降阶方法对比

模型对比	POD 方法	K-M 模型降阶方法
不同点	基于矩阵分解的确定性方法	基于概率与统计的随机过程
	最小化投影残差和	最小化聚类距离和
	模态依据能量划分，单个模态可能与任意时刻的流场结构不相似	聚类中心通过距离划分，与某些时刻流场结构相近
	模态系数的时域变化反映系统动力学特性	状态转移矩阵反映系统动力学特性
	将流场短期行为作为扰动处理，一般将能量贡献较小的模态直接忽略	考虑所有流场数据，流场短期行为通过聚类中心体现
	对于周期性流动，模态系数一般呈类三角函数分布	对于周期性流动，划分其极限环或者相空间
相同点	均是基于瞬时流场数据的降阶模型 所有模态和聚类中心均为原始流场数据的线性组合 均采用自治常微分动力系统来近似流场演化过程 均可以用于流动控制	

4.3　基于 POD 方法的超声速混合层时空演化分析

POD 方法是一种经典的机器学习方法，它不仅可以发掘主要的流动特征，展现流场的时空演化特点，还可以作为一种常用的流动降阶模型，实现高维流场的低阶近似。如果在此基础上再采用一定的机器学习预估方法，或施加特定的激励，则可以分别用于预测未知工况下的流场结构或者实现高效的流动控制。本章采用POD 方法对不同工况下超声速混合层的时空演化进行研究，主要分析模态能量、模态系数随时间的变化及其频域特性和模态空间分布，并对 POD 降阶效果进行评估，以期为后续的应用打下基础。

4.3.1 POD 方法

本征正交分解(proper orthogonal decomposition，POD)，又称主成分分析(principle composition analysis，PCA)，是一种基于方差的数据分析方法。对于数据快照(data snapshot)有

$$X_1^N = \{X_1, X_2, \cdots, X_N\} \tag{4-35}$$

构成一个 $N \times M$ 的数据矩阵。其中 N 为数据样本个数；M 为数据维度。对于图像数据 M 为其总的像素数，对于数值计算数据 M 为总的网格点数，因此对于高精度数据，一般有数据维度 M 远远大于数据样本个数 N。POD 要求选取一组高维空间的标准正交基：

$$\boldsymbol{\Phi} = \{\boldsymbol{\varphi}_1, \boldsymbol{\varphi}_2, \cdots\} \tag{4-36}$$

使得原始数据可以由该组正交基的线性组合近似表示，并且要求表示误差尽可能小的同时正交基的数目尽可能少，即

$$\boldsymbol{\Phi} = \arg\min_{\boldsymbol{\Phi}} \frac{1}{N} \sum_{i=1}^N \|X_i - X_i'\|_2 \tag{4-37}$$

式中，X_i' 是第 i 个数据样本 X_i 在正交基 $\boldsymbol{\Phi}$ 上的降维表示，并且有

$$X_i = \sum_{j=1}^D a_{ij}\boldsymbol{\varphi}_j \tag{4-38}$$

$$X_i' = \sum_{j=1}^d a_{ij}\boldsymbol{\varphi}_j \tag{4-39}$$

式中，D 是整个样本数据矩阵的秩；d 是保留的正交基数目；a_{ij} 是第 i 个数据样本 X_i 在第 j 个正交基 $\boldsymbol{\varphi}_j$ 上的投影。

$$a_{ij} = \frac{X_i \cdot \boldsymbol{\varphi}_j}{\sqrt{\boldsymbol{\varphi}_i \cdot \boldsymbol{\varphi}_j}} \tag{4-40}$$

因此有

$$\sum_{i=1}^N \|X_i - X_i'\|_2 = \sum_{i=1}^N \left\| \sum_{j=1}^D a_{ij}\boldsymbol{\varphi}_j - \sum_{j=1}^d a_{ij}\boldsymbol{\varphi}_j \right\|_2 = \sum_{i=1}^N \left\| \sum_{j=d+1}^D a_{ij}\boldsymbol{\varphi}_j \right\|_2 \tag{4-41}$$

又由于 $\boldsymbol{\Phi}$ 为标准正交基，即

$$\boldsymbol{\varphi}_i \cdot \boldsymbol{\varphi}_i = 1, \quad \boldsymbol{\varphi}_i \cdot \boldsymbol{\varphi}_j = 0 \tag{4-42}$$

则有

$$\sum_{i=1}^{N}\left\|\boldsymbol{X}_i - \boldsymbol{X}_i'\right\|_2 = \sum_{i=1}^{N}\left\|\sum_{j=d+1}^{D} a_{ij}\boldsymbol{\varphi}_j\right\|_2 = \sum_{i=1}^{N}\sum_{j=d+1}^{D} a_{ij}^2 = \sum_{i=1}^{N}\left(\sum_{j=1}^{D} a_{ij}^2 - \sum_{j=1}^{d} a_{ij}^2\right)$$
$$= \sum_{i=1}^{N}\left\|\boldsymbol{X}_i\right\|_2 - \sum_{i=1}^{N}\sum_{j=1}^{d} a_{ij}^2 = \text{Constan } t - \sum_{i=1}^{N}\sum_{j=1}^{d} a_{ij}^2 \tag{4-43}$$

该问题等价于使得正交基满足最大值的优化问题。

$$\boldsymbol{\Phi} = \arg\max_{\boldsymbol{\Phi}} \sum_{i=1}^{N}\sum_{j=1}^{d} a_{ij}^2 \tag{4-44}$$

利用变分法可以将该最大值优化问题转化为特征值问题。

$$\int_{\Omega} \boldsymbol{C}(x,y) \cdot \boldsymbol{\varphi}(y)\mathrm{d}y = \lambda\boldsymbol{\varphi}(x) \tag{4-45}$$

式中，$\boldsymbol{C}$ 是样本数据点的自相关矩阵。

$$\boldsymbol{C}(x,y) = \frac{1}{N}\sum_{i=1}^{N}\boldsymbol{X}(i,x)\boldsymbol{X}(i,y) = \frac{1}{N}\boldsymbol{X}^{\mathrm{T}} \cdot \boldsymbol{X} \tag{4-46}$$

故式(4-45)等价于

$$\frac{1}{N}\boldsymbol{X}^{\mathrm{T}} \cdot \boldsymbol{X}\boldsymbol{\varphi} = \lambda\boldsymbol{\varphi} \tag{4-47}$$

由于 $\boldsymbol{X}^{\mathrm{T}} \cdot \boldsymbol{X}$ 是一个 $M \times M$ 矩阵，原始的优化问题相当于一个高阶矩阵特征向量求解问题，其维数与空间点的数目 M 相同，很难直接求解。采用 Sirovich[11] 提出的快照方法(snapshot method)，可以将该问题转化为低阶矩阵特征向量求解问题。快照方法的主要思想是利用原始数据与特征值问题中的特征向量处在同一线性空间中，从而可以利用原始数据的线性组合来表示特征向量，从而实现特征向量求解问题的简化。

$$\boldsymbol{\varphi}_i = \boldsymbol{X}^{\mathrm{T}}\boldsymbol{b}_i = \sum_{j=1}^{N} b_{ij}\boldsymbol{X}_i \tag{4-48}$$

式中，b_{ij} 是待求解的系数。这样原有问题可以表示为

$$\boldsymbol{X}^{\mathrm{T}} \cdot \frac{1}{N}\boldsymbol{X}\boldsymbol{X}^{\mathrm{T}} \cdot \boldsymbol{b}_i = \boldsymbol{X}^{\mathrm{T}} \cdot \lambda\boldsymbol{b}_i \tag{4-49}$$

并可以简化为如下特征向量问题。

$$\boldsymbol{R} \cdot \boldsymbol{b} = \lambda\boldsymbol{b} \tag{4-50}$$

式中，$\boldsymbol{R}$ 是样本数据的自相关矩阵。

$$R = \frac{1}{N} XX^{\mathrm{T}} \tag{4-51}$$

即原始数据 X 关于正交基 φ_i 的线性表出系数向量为矩阵 R 的特征向量。由于矩阵 R 为实对称矩阵，存在正交矩阵 B 满足

$$R = B\varSigma B^{\mathrm{T}} \tag{4-52}$$

$$B^{\mathrm{T}} = B^{-1} \tag{4-53}$$

式中，B 是矩阵 R 的特征向量矩阵，其列向量为 R 的特征向量；$\varSigma$ 是 R 的特征值组成的对角矩阵。

$$B = [b_1, b_2, \cdots, b_N] \tag{4-54}$$

$$\varSigma = \begin{bmatrix} \lambda_1 & 0 & \cdots & 0 & 0 \\ 0 & \lambda_2 & \cdots & 0 & 0 \\ \vdots & \vdots & & \vdots & 0 \\ 0 & 0 & \cdots & \lambda_{N-1} & 0 \\ 0 & 0 & \cdots & 0 & \lambda_N \end{bmatrix} \tag{4-55}$$

则样本数据的非归一化本征模态为

$$\tilde{\varphi}_i = X^{\mathrm{T}} b_i \tag{4-56}$$

相应的归一化本征模态为

$$\varphi_i = \frac{\tilde{\varphi}_i}{\|\tilde{\varphi}_i\|} \tag{4-57}$$

又由于

$$\tilde{\varphi}_i^{\mathrm{T}} \tilde{\varphi}_i = b_i^{\mathrm{T}} \cdot XX^{\mathrm{T}} \cdot b_i = N\lambda_i \tag{4-58}$$

即本征模态对应的特征值包含某种模态重要性或者模态能量的概念，模态特征值越大其就越重要，其中包含的数据信息也就越丰富。如果将本征模态按照对应特征值的大小来排列，即一阶模态对应能量最大的模态，二阶模态次之，各阶模态能量依次递减，则对于大部分系统，前几阶模态就可能包含绝大部分主要的流场信息，因此可以将之后的模态全部舍去，从而实现系统的低阶近似。

本章对 30 个不同工况下共 4500 组数据进行分析，主要研究模态能量分布、模态系数的时间演化特性和频域特性，以及模态的空间分布特点，并对 POD 降阶效果进行评估。

4.3.2　模态能量分布

一般认为第 1 阶 POD 模态与样本数据的平均值相当，表征数据的平均特性，其他模态则表征数据的振荡特性。图 4-20(a)为 POD 振荡模态相对能量示意图，图中实线为单阶模态能量随模态阶数 n 的变化，虚线为模态累积能量，即前 n 阶

振荡模态的总能量随模态阶数 n 的变化。从图 4-20(a)中可以看出，随着模态阶数 n 的增加，单阶模态能量迅速衰减。对各个流动参数而言，第 20 阶模态能量均在 2‰以下，第 60 阶模态能量均在 4‰以下，第 100 阶模态能量则均在 1‰以下，这表明前几阶振荡模态包含相对较多的流场信息，而后面的高阶模态则包含的流动信息相对较少，因此在流动降阶时可以舍去部分高阶模态。随着模态阶数 n 的增加，模态累积能量首先快速增加，然后增长速度逐渐放缓，到 200 阶时模态积累能量均达到 90%以上，但均在 95%以下，这表明对于超声速混合层流场，POD 振荡模态能量收敛较快，前 200 阶模态已经包含了大部分的振荡能量，因此适合采用 POD 方法来进行流场降阶。

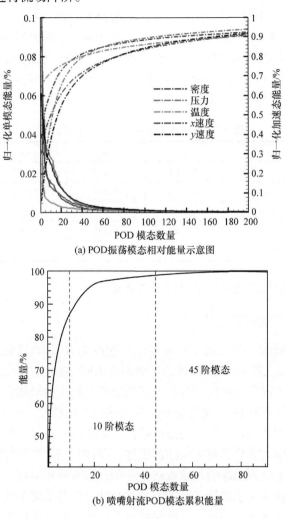

(a) POD振荡模态相对能量示意图

(b) 喷嘴射流POD模态累积能量

图 4-20　POD 模态能量示意图

然而，图 4-20(b)为 Yang 等[12]关于喷嘴射流的研究结果。对于 30 个工况每个工况 1000 个时刻共 30000 组数据的 POD 分析，前 45 阶模态已经包含 98%以上的能量。相比较而言，本书的 POD 模态能量收敛相对较慢，这是因为超声速流动相比于低速流动更为复杂，可压缩性更强，特征频率也更高，所以模态能量更为分散。此外，各个流动参数的模态能量收敛特性也不相同，温度模态、密度模态、压力模态分别在 30 阶、50 阶、60 阶附近模态累积能量增速放缓，增速转折点模态积累能量相对较高，流向速度模态和横向速度模态则均在 80 阶附近模态累积能量增速放缓，增速转折点模态积累能量相对较低。因此，可以认为，各个流动参数对比而言，温度模态能量分布比较集中，密度和压力模态能量分布相对分散，流向速度模态和横向速度模态能量分布则最为分散。表 4-4 分别给出各流动参数前 1 阶、50 阶、100 阶、150 阶、200 阶模态积累能量。需要指出的是，第 1 阶压力和横向速度模态能量相对较小，均在 10%以下，因此其主要反映样本数据的振荡特性，反之，第 1 阶密度、温度和流向速度模态能量相对较高，均在 30%以上，温度模态能量甚至达到 60%以上，因此其可能主要包含样本数据的平均特性。

表 4-4　前 n 阶 POD 振荡模态积累能量

n	p	ρ	T	u	v
1	8.53%	38.29%	64.11%	30.38%	6.14%
50	82.69%	83.35%	81.63%	74.91%	73.89%
100	89.43%	88.56%	86.25%	83.94%	84.47%
150	92.18%	90.89%	88.79%	88.38%	89.14%
200	93.89%	92.37%	90.51%	91.06%	91.28%

4.3.3　模态系数时间演化特性及频域特性分析

1. 模态系数时间演化特性

图 4-21(a)～(f)是不同工况下前 6 阶流向速度 POD 模态系数随时间变化图。可以看出，不同工况前两阶 POD 模态系数明显不同，随着速度比的增加模态系数显著增大；同一工况下前两阶 POD 模态系数随时间步的增加在一个固定值附近小幅波动，表明前两阶 POD 模态主要反映流动的平均特性。第三、第四、第五和第六阶模态系数则均表现出强烈的波动特性。对于同一工况，单阶模态系数随时间波动幅度变化很大并且具有一定的随机性，波峰距离和波谷距离也在发生变化，单阶模态系数并未呈现规律的正弦或余弦变化，这表明单阶模态可能耦合了多个频率，超声速混合层流动虽然具有一定的周期性，但并非完全的周期性流动。对于不同工况，随着速度比的增大，单阶模态系数波动幅度明显增大，同时波数也在增加，以第三阶模态系数为例，速度比为 1.5、1.6、1.7、2.0 和 2.2 时分别有 18、

19、21、24 和 24 个波峰或波谷，这说明速度比越大可能流动对应的特征频率也越大。此外，第三阶和第四阶模态是共轭模态，其模态系数随时间变化的曲线非常相近，只是具有一定的相位差。

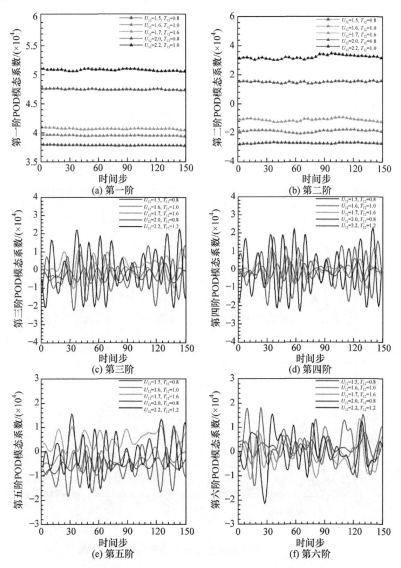

图 4-21　前 6 阶流向速度 POD 模态系数随时间变化图

2. 模态系数频域特性

图 4-22(a)～(f)分别为前 6 阶流向速度模态系数功率谱密度图。从图中可以看

出，前两阶模态系数功率谱密度峰值均出现在零频处，其他频率的幅值相对于峰值都可以忽略，这也表明这两阶模态主要反映了流动的平均特性；第三阶和第四阶模态为共轭模态，其功率谱密度分布相对比较接近，但也具有一定差异。

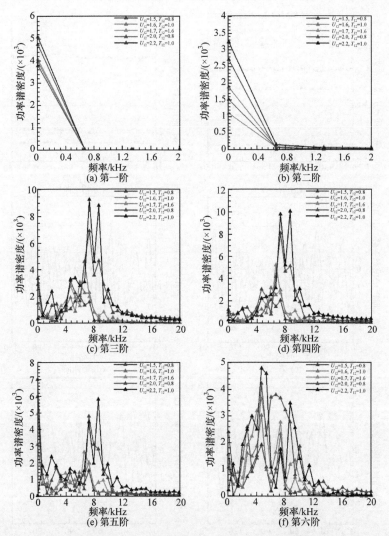

图 4-22　前 6 阶流向速度模态系数功率谱密度图

此外，各个工况下第三阶模态系数零频幅值相对较大，而第四阶模态系数零频幅值相对较小，功率谱密度峰值也不同。此外，需要指出的是，随着速度比的增大，峰值频率也在增大，速度比为 1.5 和 1.6 时主峰值频率约为 5.9kHz，速度比为 1.7 时主峰值频率约为 6.6kHz，而速度比为 2.0 和 2.2 时第三阶和第四阶主峰值频率分别约为 7.2kHz 和 8.7kHz，这说明速度比越大流动对应的特征频率也越大。第五阶模态的功率谱密度图分布比较零散，第六阶模态功率谱密度图分布更加零散，各个频率的功率谱密度都相对较高，并且各个工况下峰值频率都相同，约为 4.8kHz，这表明第六阶模态耦合了更多频率的波动尤其是较低频率的波动，因此表现在时间演化上其更加接近随机波动。

4.3.4　模态空间结构

图 4-23(a)～(f)分别为前 6 阶流向速度模态。从图 4-23 中可以看出，前两阶模态主要反映流向速度场平均特征，二者的不同之处在于，第一阶模态速度等值线基本关于接触面对称分布，第二阶模态速度等值线则主要分布在低速一侧，这也反映混合层混合区域高速侧与低速侧的增长和卷吸呈现出空间非对称性；第三阶和第四阶模态是共轭模态，其空间分布比较类似并具有一定的交错性，等值线呈现出比较规律的大尺度结构，沿流向等值线不断向两侧扩张，这反映混合层的增长；第五阶模态空间分布相对也比较规整，等值线呈现出比较规律的大尺度结构；第六阶模态空间分布则比较零散。

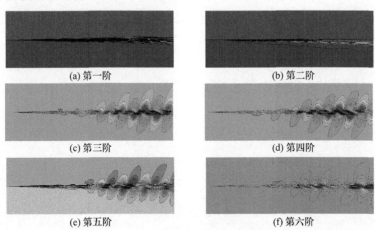

(a) 第一阶　　　　　　　　　　(b) 第二阶

(c) 第三阶　　　　　　　　　　(d) 第四阶

(e) 第五阶　　　　　　　　　　(f) 第六阶

图 4-23　前 6 阶流向速度模态

参 考 文 献

[1] Mitchell T T, Machine Learning[M]. New York:McGraw-Hill, 1997.

[2] Maries A, Luciani T, Pisciuneri P H. A clustering method for identifying regions of interest in turbulent combustion tensor fields[J]. Mathematics and Visualization, 2015, (40): 323-338.

[3] 魏斌斌, 高永卫. 基于 POD 方法的高超声速边界层转捩判定方法[J]. 气体物理, 2016, 1(3): 25-30.

[4] 符松, 杨琴. 超声速混合层的 POD 分析[J]. 中国科学 G 辑, 2008, 38: 319-336.

[5] 陈槐, 陈启刚, 苗蔚,等. Reynolds 数对方腔流谱结构的影响[J]. 清华大学学报, 2014, (8): 1031-1037.

[6] Hinton G E, Osindero S, Teh Y W. A fast learning algorithm for deep belief networks[J]. Neural Computation, 2006, (18): 1527-1542.

[7] Yoshua B. Deep Learning[M]. Massachusetts:MIT Press, 2016.

[8] Kingma D P, Ba J L. A method for stochastic optimization[C]. International Conference on Learning Representation, 2015.

[9] 戚后林, 顾磊. 基于密度与最小距离的 K-means 算法初始中心方法[J]. 计算机技术与发展, 2017, 27(9): 60-69.

[10] Kaiser E, Noack B R, Cordier L. Cluster-based reduced-order modelling of a mixing layer[J]. Journal of Fluid Mechanics, 2014, 754: 365-414.

[11] Sirovich L. Method of snapshots[J]. Quarterly of Applied Mathematics, 1987, (45): 561-571.

[12] Yang V, Mak S. An efficient surrogate model of large eddy simulations for design evaluation and physcis extraction[J]. Journal of the American Statistical Association, 2017, 2-12.

第 5 章 超声速混合层被动增强技术

随着世界各个军事大国对高超声速推进技术的重视，组合循环发动机技术中包含的基础流动(可压缩混合流动)受到了广泛关注和持续不断的研究。在高超声速吸气式飞行器发动机内部结构中，包含涡轮冲压发动机(Ma<4.0)部分和双模态超燃冲压发动机部分。4.0<Ma<6.0 时，发动机内部为亚声速燃烧模态；6.0<Ma<10.0 时，发动机内部为超声速燃烧模态。在超燃部分，由于燃烧室长度有限且来流速度快，再加上流动压缩性和放热效应的影响，燃料的燃烧效率非常低。过去的研究表明，当不考虑放热的抑制效应，仅考虑流动压缩性带来的影响时，可压缩混合层的混合效率仅为同等条件下不可压混合层的 1/5。因此，为了提高超燃冲压发动机的混合和燃烧效率，国内外学者开展了大量工作，提出了许多混合增强技术以期促进流动的掺混。

通过调研文献发现，混合增强技术有很多，本书将混合增强技术分为以下两个类别：被动混合增强技术和主动混合增强技术。本章介绍被动混合增强技术相关的研究成果，主动混合增强技术的相关研究将在下章进行介绍。

5.1 被动混合增强技术分类

被动混合增强的流动控制方法通过在流场中安装一些固定的装置来实现，或者通过改变结构的形状参数来改变剪切层的稳定性特征。一般来讲，按照被动混合增强技术作用的方式可将其分为促使流动提前失稳、诱导大尺度流向涡结构以及激波诱导混合增强。

5.1.1 促使流动提前失稳

为了促使流动提前失稳，两种典型的混合增强装置是三角结构扰动装置和凹腔装置。Island 等[1]较早地采用平面激光米氏散射技术试验研究了三角扰动装置诱导的超声速混合层掺混特性，其研究将三角扰动装置置于分隔板的亚边界层内，诱导的三维扰动显著提高了混合效率。之后，Urban 等[2]进一步开展了该试验，发现三角扰动装置促进混合增强的机理在于其可以诱导出流场中周期性拐点，从而促进流动提前失稳以实现混合增强。基于这样的混合增强机理，后来很多学者采用不同的三角扰动装置并对其进行优化以获得最优的混合增强效果，提高其应用的可能性。

国防科技大学易仕和等采用 NPLS 技术首次获得了优化后的三角扰动装置诱导的超声速混合层(Mc=0.5)流场精细结构，如图 5-1 和图 5-2 所示。很显然，

图 5-2 直观地表明了三角扰动装置在显著增强流动三维特性的同时能够促使流动提前失稳以促进混合。

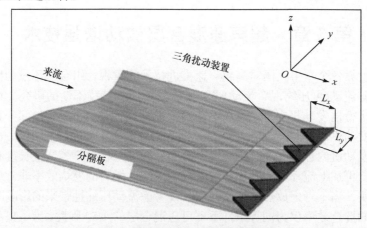

图 5-1　易仕和等采用的混合增强装置

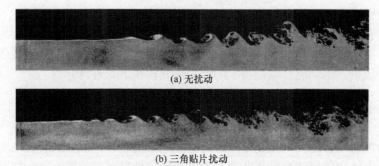

(a) 无扰动

(b) 三角贴片扰动

图 5-2　易仕和等得到的混合层流场可视化结果

在凹腔诱导混合增强方面，过去的试验研究表明凹腔扰动可以将混合层的增长率提高 2 倍。图 5-3 给出学者采用凹腔装置获得的流动特性，相比于无凹腔的情况，凹腔后的混合区域得到了显著增大。此外，凹腔中存在的高频自激振荡特性加剧了流场中燃料渗进主流的效率从而显著提高了混合效率。

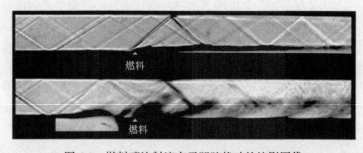

图 5-3　燃料喷注射流有无凹腔扰动的纹影图像

5.1.2　诱导大尺度流向涡结构

对于混合层，由于三维不稳定性的存在，流向涡结构是流动中一种典型的涡结构。只是由于不同压缩性下三维扰动发展的快慢有较大区别，流向涡在流场中出现的位置也不同。另外，流向涡与混合层中初始 K-H 不稳定性诱导的展向涡结构的相互作用对于提高流动的混合有很大作用。因此，采用相关混合增强措施，使得流场中较早地出现大尺度流向涡结构就变得异常关键。

常见的诱导流向涡的装置包括波瓣混合器、斜坡装置、锯齿状装置以及 V 形装置等。与 K-H 涡不同的是，流向涡结构对混合层的压缩性不敏感，其对流场的卷吸作用能够显著提高混合。自 Swithenbank 等[3]首次证实了流向涡能够显著促进掺混后，学者们致力于提高流动掺混，采用了多种诱导流向涡的装置。流向涡促进掺混主要是基于下面两个机理：①流动接触面积的增长；②垂直于接触面的流动参数梯度的增长。

在所有诱导流向涡的装置中，斜坡装置、波瓣混合器以及锯齿状装置是三种比较重要和常见的装置，且已经在实际工程中得到了一些应用。本书着重对这三种被动装置的研究进展进行回顾和分析。

斜坡装置能够诱导一对对向旋转的流向涡结构，同时斜坡能够诱导出激波和膨胀波系，斜压转矩作用下涡量显著增长。此外，来流的非等密度和非等压条件通过输运方程作用于流场的涡量变化。

$$\rho \frac{\mathrm{d}}{\mathrm{d}t}\left(\frac{\overline{\omega}}{\rho}\right) = \frac{1}{\rho}\nabla\rho \times \nabla\rho \tag{5-1}$$

为了得到优化的斜坡结构，学者们开展了大量的研究工作。最近，Sujith 等[4]采用平面米氏散射技术获得了不同斜坡构型下的超声速混合层流场结构。三种斜坡构型如图 5-4 所示。图 5-5 给出对应的高速瞬态纹影结果。很显然，当采用"3

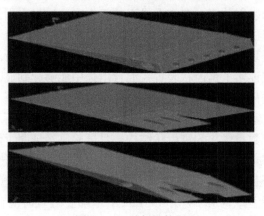

图 5-4　三种斜坡构型

斜坡"构型时，获得了较为显著的混合增强效果，这也给之后的构型设计工作带来了启发。

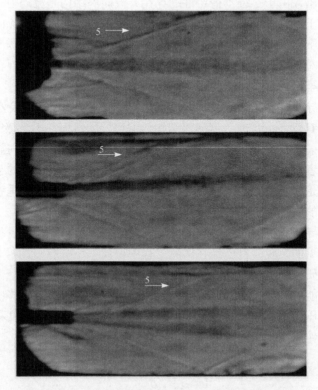

图 5-5　三种斜坡条件下流场的高速瞬态纹影图像

　　对于波瓣混合器，在流场不分离的情况下，流向涡结构在波瓣的表面产生，如图 5-6 所示。在引射系统中，波瓣混合器的采用会显著强化轴向的涡量，从而显著提高近场区的引射效率。在作者最近的工作中，通过采用优化的三角波瓣混合装置，成功获得了超声速混合层的流场精细结构并详细分析了三角波瓣混合器诱导混合增强的机理。这一部分工作将在后面第 6 章详细分析。

　　过去大量研究证实了锯齿状装置在混合增强中能够起到显著作用。通过形成一些低速区域，锯齿状结构能够显著增强流动的三维特性。基于锯齿形喷管的设计，Wlezien 等[5]提出了一种组合型喷管设计方案，如图 5-7 所示。这种喷管构型的末端装置有一定数量优化的锯齿状结构，且试验已经证明了该组合型喷管能够显著提高混合效率。Rao 等[6-8]采用四种类型的喷管构型系统研究了其对混合层流场的影响，分别是圆锥形、带斜面形、V 形以及 ESTS 形喷管，如图 5-8 所示。相比圆锥形喷管构型，采用 V 形和 ESTS 形喷管装置时混合效率分别提高了143%、379%。

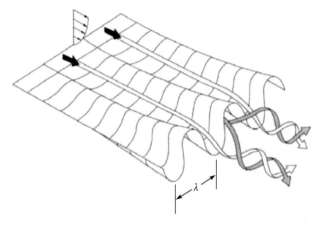

图 5-6　波瓣混合器示意图

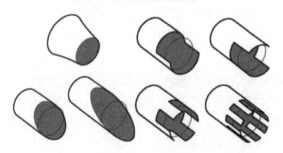

图 5-7　不同锯齿状喷管组合装置

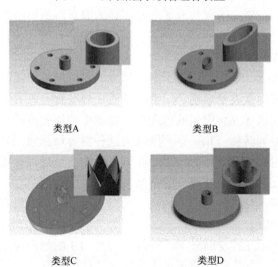

类型A　　　　　　　　　类型B

类型C　　　　　　　　　类型D

图 5-8　文献[6]～[8]中四种喷管装置

除了上面总结的被动混合增强技术外，学者们还尝试采用其他被动混合增强方法来促进流动的掺混。表 5-1 对这些方法进行总结，且给出相应的混合增强机理，可以为之后被动混合增强方法的研究提供一些参考。

表 5-1　典型被动混合增强技术及其混合增强效果

文献	混合增强技术	Mc	混合增强机理	混合增强效果
Naughton 等[9]	涡状结构	0.7	促进流动失稳	$\theta'/\theta=1.6$
Fernando 等[10]	三维分隔板	0.07	促进流动失稳	$\delta'/\delta=1.53$
Dolling 等[11]	圆柱扰动	0.32	促进流动失稳	$\delta'/\delta=1.3$
Clemens 等[12]	侧壁扰动	0.6	促进流动失稳	$\Pi'/\Pi=1.6$
Samitha 等[13, 14]	三叶草喷管结构	—	引入流向涡结构	—

注：δ 代表归一化混合层增长率；θ 代表混合层增长率；Π 代表两层来流的接触面积。

5.1.3　激波诱导混合增强

研究表明，通过波涡相互作用可以放大各向同性湍流的某些特征。相比较前面所述被动/主动混合增强技术，由于激波在超燃冲压发动机燃烧室中广泛存在，学者们期望能够通过激波和混合层之间的相互作用(尤其是激波和 K-H 不稳定波之间的相互作用)来促进流动掺混。

激波诱导混合增强最早由 Menon[15] 及 Hermanson 等[16] 在试验研究中发现。采用纹影技术，Menon[15] 的研究获得了激波诱导的混合层流场图像，并且观测到了混合层增长率在激波作用下的显著提高。他们试验所采用的装置也成为后来研究人员开展相关试验的重要参考。

采用 DNS 方法，Lu 等[17] 分析了激波诱导的混合层流场精细结构。其研究发现，要想实现有效的激波诱导混合增强，激波诱导装置必须置于流场的上游。同时他们认为，激波诱导混合增强的机理在于流场中湍流强度的剧烈增长以及更多的能量从主流中得到转移。Shau 等[18] 则认为这种混合增强效果只有在激波混合层相互作用位置的附近才有显著的效果。在流场下游远场处混合效率又回到常规水平。Génin 等[19] 采用 LES 方法研究了斜激波诱导的混合层流场结构。他们发现作用位置越靠近上游，湍流脉动强度越高。同时，他们也指出只有在作用点附近的流场才会有显著的混合增强效果。

同样采用 LES 方法，Zhang 等[20] 研究了 $Mc=0.3$ 的超声速混合层和激波的相互作用。受到斜激波的影响，流场中大尺度涡结构的演化特性发生了变化，且结构的涡量得到增长。同时随着激波强度的增长，混合层厚度和增长率均有显著提高，如图 5-9 所示。

基于之前学者们的研究,发现激波诱导混合增强的机理可以归纳为以下两点。一是流场中涡结构的涡量得到了增长,可以卷吸更多的流动进入混合区完成混合;二是流动的速度脉动以及湍动能得到了增长,从而显著增强了流动的湍流脉动特性。这两点机理可以为今后进行激波诱导混合增强的研究提供一些参考。

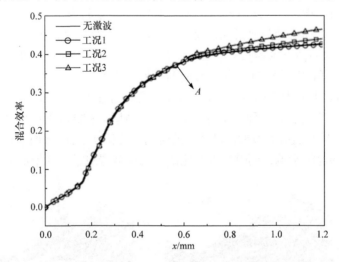

图 5-9　不同激波强度下混合层沿流向的增长情况
工况 1, $\Delta p/p_1$=0.376; 工况 2, $\Delta p/p_1$=0.656; 工况 3, $\Delta p/p_1$=1.219

5.2　三角波瓣结构装置诱导混合增强

由于被动混合增强装置易于在工程中安装和实现,近年来得到了学者的广泛研究。这其中采用适当的被动装置诱导流向涡结构是一种较为常见的混合增强方法。在可压缩流动中,流向涡对压缩性的变化不敏感,在流场中具有较高的结构自持性。研究流向涡和展向涡的相互作用是深入理解流向涡诱导混合增强机理的重要突破点。然而受限于试验技术的发展,过去具有高时空分辨率的流向涡结构少见报道。基于此,本章巧妙地设计两种三角波瓣结构装置,通过捕捉其诱导的高分辨率流场精细图像来深入分析流向涡诱导混合增强的机理。同时,基于流动可视化结果,借助分形、间歇、湍流统计分析等手段,定量研究三角波瓣诱导的混合增强效果,获得了优化的三角波瓣结构装置。

5.2.1　试验件结构设计

为深入研究流向涡诱导混合增强的机理,设计平板混合层(3.1 节内容)和三角波瓣结构混合层试验件,中间隔板厚度均为 1mm,如图 5-10(a)、(b)所示。三角波瓣结构安装于隔板的尾缘，结构的设计主要存在两个参数：波瓣的倾斜角 α 和波瓣的波长 L。倾斜角越大，产生的流向涡强度越大，但同时会造成流动在隔板后缘的分离，增加流动阻力不利于混合[21, 22]。来流的参数和 3.1 节中开展平板混合层试验采取的参数相同。

前人的研究指出，当波瓣倾斜角大于 15°时，流动将发生分离。基于此，综合考虑流向涡强度和流动分离情况，设计选取波瓣的倾斜角为 10°。波瓣波长选取为 11.8mm，这一值与文献[23]中研究得出的展向涡结构的典型波长相同。为了得到优化的三角波瓣装置以更高效地促进流动混合，设计两种类型的三角波瓣结构：①波峰和波槽直接过渡；②波峰和波槽间通过 1/4 个波瓣波长的等直段连接。图 5-10(c)给出了第二种三角波瓣结构的示意图。在波峰和波槽之间装置有等直段的好处是减少波峰和波槽区域产生的流向涡的相互干扰，方便单独研究每个流向涡对流场掺混的影响，同时可以对比研究两种装置对于流动增混的效果。

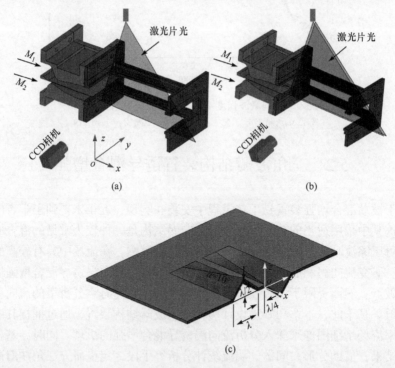

图 5-10　试验件结构示意图

5.2.2　流场结构显示

1. 无中间等直段三角波瓣装置

图 5-11 给出无中间等直段的三角波瓣装置诱导的不同展向位置处的超声速

混合层流向精细结构。由于本书关注的是三角波瓣处的流场特征，在波峰和波槽及其附近流场区域进行图像拍摄和提取。在图 5-11(a)中 $y=(1/2)L$ 处，和 4.2 节中平板自由混合层一样，观测到 K-H 不稳定性诱导的 K-H 涡结构及其合并过程。此外，在流场下游远场 $x=140$mm 处出现波峰位置诱导的流向涡涡簇结构，表明在该处流向涡结构已经发生破碎且流场的三维特性非常显著。

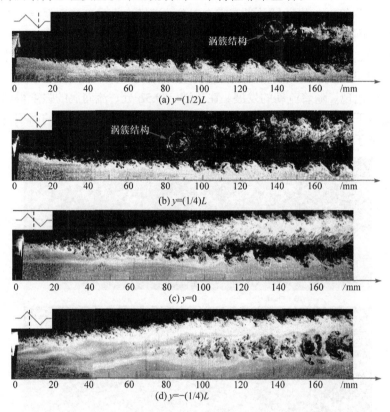

图 5-11　不同展向位置处的超声速混合层流场结构

图 5-11(b)给出展向 $y=(1/4)L$ 处的流场结构。由于距离波峰位置更近，涡簇结构出现的位置相应提前至 $x=80$mm 处。大量涡簇结构的出现表明：与 K-H 涡只会在流向和横向运动不同，流向涡结构在三个方向都存在剧烈的运动和变形。在 $y=0$ 和 $y=-1/4L$ 处，可以发现波峰诱导的流向涡结构已经对混合层的全流场演化造成显著影响。同时，对比 $y=1/4L$ 和 $y=-1/4L$ 处的流场结构发现，在这两个位置处涡簇结构几乎在同样的位置开始出现，表明初始的 K-H 不稳定对流向涡破碎过程的影响几乎在同样的流向位置发生。

在图 5-11(c)中发现，由于流向涡和展向涡的相互作用，在流向位置[20,50]内，原有的 K-H 大尺度涡结构撕裂并且破碎成大量的小尺度涡。这一作用过程同时揭示了无中间等直段三角波瓣结构诱导混合增强的机理，即流向涡和 K-H 涡相互作用加剧了近场处 K-H 涡的破碎，显著增强了流动的三维特性。

图 5-12 给出无中间等直段三角波瓣结构诱导的大尺度流向涡结构的精细流场图像，分别拍摄于流向位置 $1.5L$、$5.5L$、$9.5L$ 及 $13.5L$ 处。需要说明的是，受限于拍摄位置，在进行 NPLS 试验时将 CCD 相机放置于风洞上方与激光光壁成 15°的位置。尽管在拍摄区域并没有完全对焦，流场中大尺度流向涡结构的发展和演化仍然得到清晰的展示。在 $x=1.5L$ 处，由于初始流向涡尚未卷起，这时候展向的剪切层仍然持有三角波瓣混合器结构的形状。在流向 $x=5.5L$ 处，受到流动失稳影响，剪切层的接触面发生变形。下层低速流体倾向于向上侧流动渗透，流向涡的雏形开始出现。随着流动的发展，在下游 $x=9.5L$ 处，流向涡的强度得到进一步加强，随着下侧流体持续不断地向上侧流动渗透，混合层接触面的面积得到显著增长，有利于更多的流动被卷入混合区完成混合。

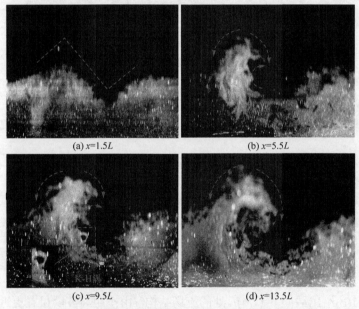

(a) $x=1.5L$　　　　　　　　　　　(b) $x=5.5L$

(c) $x=9.5L$　　　　　　　　　　　(d) $x=13.5L$

图 5-12　不同流向位置处大尺度流向涡的发展演化特性

此外，在混合层的接触面出现了 K-H 涡结构，这种二次流向失稳诱导的结构在冯军红[24]的研究中也有所报道。进一步在下游远场 $x=13.5L$ 处，下游流体伸出去的部分在三维不稳定作用下又经历回转的过程，以此来形成完整的大尺度流向涡结构。在当地 K-H 不稳定和流向三维不稳定共同作用下，大尺度流向涡结构接触面的周围布满许多小的涡结构。实际上作为动量、能量的重要载体，这些小尺度涡结构在促进掺混方面也扮演着重要的角色。随着流场向下游发展，波峰位置诱导的流向涡尺寸越来越大，这也不难解释在图 5-11 中不同展向位置处涡簇结构位置和大小的差异。

2. 有中间等直段三角波瓣装置

图 5-13(a)为有中间等直段三角波瓣混合器结构诱导下，在展向 $z=(2/5)L$ 处混合层流场结构的精细图像。由于 K-H 不稳定性的影响，在流场下游 $x=70mm$ 处，涡结构发生对并现象。为了便于对比分析，图 5-13(b)给出平板混合层的流场精细结构。在经过一系列配对和合并后，在流场下游 $x=80mm$ 处，混合层进入完全湍流区域。回到图 5-13(a)，发现在有中间等直段三角波瓣混合器诱导下，一个显著的特征是大尺度 K-H 涡结构的形状在全流场区域保持得比较完整，至少在本书关注的流场区域内，没有观察到类似于平板混合层中完全湍流生成的情况。这一特征是无中间等直段三角波瓣装置诱导的流场结构所不具备的。同时，K-H 涡结构具有较长的波长，即其在流场中经历了更多次的配对和合并。这一特征出现的可能原因是：中间等直段的存在强化了混合层的 K-H 不稳定性，使其在流场中具有较长的生存周期。K-H 不稳定作为一种二维不稳定扰动，作用于流场能够使流场中展向涡保持较强的生命力。对于混合层流动，上下流体动量的交换大部分发生在流动的转掠阶段，因此更长的转掠区有助于上下流体更充分地动量混合，这也揭示了有中间等直段三角波瓣结构诱导混合增强的机理之一。

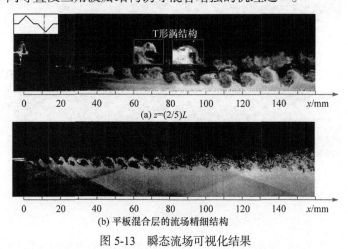

(a) $z=(2/5)L$

(b) 平板混合层的流场精细结构

图 5-13　瞬态流场可视化结果

在图 5-13(a)中，在展向涡的周围观测到典型的流向涡结构——T 形涡结构。实际上这是流场中当地二次不稳定诱导的结构。由于相比于 K-H 不稳定，这种当地二次不稳定强度非常弱，其诱导的 T 形涡结构不会和流场中主要的大尺度涡结构发生相互作用。

此外还拍摄了展向 $z=(1/4)L$ 和 $z=0$ 位置处的流场图像，如图 5-14 所示。在该位置，相比于平板混合层，流动在经过波瓣装置后面一小段层流区域后在近场处并没有卷起成大尺度 K-H 涡结构，而是直接破碎成明显的小尺度涡，小尺度涡结构有助于增加流动的接触面积，从而加速流动在接触面上标量的混合，这一点与无中间等直段三角波瓣装置的流场结构类似。在 $z=0$ 处，流向涡与展向涡结构的相互作用非常剧烈，流场表现出明显的三维特性。经过混合器的混合层结构被分为三个部分，即Ⅰ、Ⅱ和Ⅲ。Ⅰ对应波峰位置诱导的流向涡结构，Ⅱ位置对应中间平板处诱导的流向涡结构，这两个流向涡结构在向下游发展过程中均形成涡簇结构带。Jahanbakhshi 等[25]的研究指出，湍流混合中上下两层流动的卷吸过程可通过下面两种机理产生：小尺度涡结构的撕咬(nibbling)和大尺度涡结构的吞噬(engulfment)。在三角波瓣混合器流场中，涡簇结构带(Ⅰ和Ⅱ)破碎形成的小尺度涡结构之间的相互撕咬作用有效地扩大了标量混合接触的表面积，加速了上下两层流动的质量、动量和能量的交换；同时，相比于平板混合层，流场中卷起的展向涡的尺度更大(Ⅲ)，并且在下游远场处仍然保持着大尺度结构的完整性，大尺度涡结构卷吸和吞噬着周围的流体进入混合区域，有效增强了流动的混合。

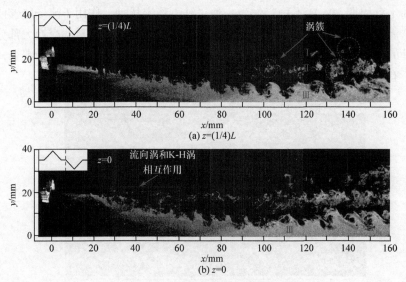

(a) $z=(1/4)L$

(b) $z=0$

图 5-14　三角波瓣混合器流场图像

　　同样地，图 5-15 给出有中间等直段三角波瓣诱导的流向涡结构发展演化情况。在流向 $x=3.0L$ 处，观测到具有和三角波瓣构型一致的展向剪切层结构，且由于有中间等直段三角波瓣构型诱导的三维不稳定性作用，在剪切层边缘处有较多的小尺度涡结构。随着流动向下游发展，在流向 $x=5.5L$ 处，在混合层高速侧首先出现一对对向旋转的大尺度流向涡结构的雏形，而在低速侧区域流向涡的雏形尚未形成。这表明高速侧流动更易诱导出大尺度流向涡结构。同时随着当地二次不稳定的增强，展向剪切层的交界面处发生扭曲和变形，且更多的小尺度涡结构在展向剪切层的边缘处出现。进一步至流场下游 $x=9.5L$ 处，高低速侧分别诱导的流向涡结构 A_1 和 A_2 已经充分形成。流向涡结构伸出的部分发生回转，卷吸了更多的流体进入混合区。

此外，相比于无中间等直段三角波瓣装置，有中间等直段装置诱导的混合层当地二次不稳定更强。在 $x=9.5L$ 处可以看到，波槽处当地二次不稳定性诱导的 U-形马蹄涡结构的头部和腿部的强烈旋转和变形能够显著促进流动的掺混。此外，在当地二次不稳定作用下，在中间直板和两边三角构型的连接处，两个尺度稍小对向旋转的流向涡结构的生成和发展进一步卷吸流体以增强混合。

很显然通过对比发现，有中间等直段三角波瓣装置对于流向涡的诱导作用更加显著，且对流动混合增强效果更加明显。

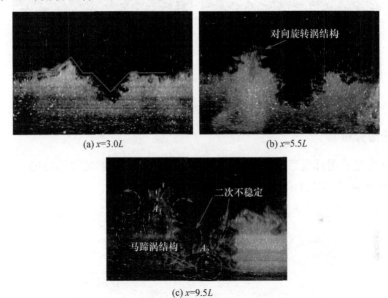

(a) $x=3.0L$　　　　　　　　　　(b) $x=5.5L$

(c) $x=9.5L$

图 5-15　不同流向位置处的大尺度流向涡结构发展演化特性

图 5-16 给出有中间直板三角波瓣装置诱导的混合层展向流场全局发展情况。图 5-16(a) 和图 5-16(b) 分别在 $y=0$ 和 $y=-(1/4)L$ 获得。由于波瓣两侧速度差的存在，展向 K-H 不稳定诱导的 K-H 涡从三角波瓣后缘脱落。在 $y=0$ 处随着流向涡结构的形成和逐步增长，流向涡和 K-H 涡相互作用致使 K-H 涡结构发生变形，在远场处形成三个混合层低速区 B_1、B_2 和 B_3。很显然相比于 K-H 涡，流向涡结构的生命力更强，结构的完整性保持得更好。同时，这种相互作用显著增强了流动的三维特性，更多的涡结构发生破碎，混合效率得到提高，这揭示了有中间等直段三角波瓣诱导混合增强的另一个机理。图 5-16(b) 中，展向 K-H 涡的发展同样经历了近场层流区、转捩区及完全湍流区。在流场近场处呈规律分布的条带状结构正

好对应于流向卷起的 K-H 涡结构。此外，流场中观测到的流动滞止区表面超声速混合层流动具有较强的间歇特性，这也在前人的试验研究中得到了证实。

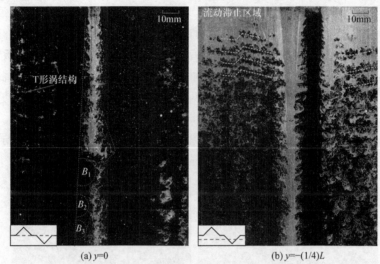

(a) $y=0$ 　　　　　　　　　　(b) $y=-(1/4)L$

图 5-16　不同横向位置处捕捉到的展向流向精细结构

5.2.3　分形分析

本节首先采用计盒维数法分析无中间等直段三角波瓣装置诱导的流向涡和展向涡(K-H 涡)的分形特性，如图 5-17 所示。

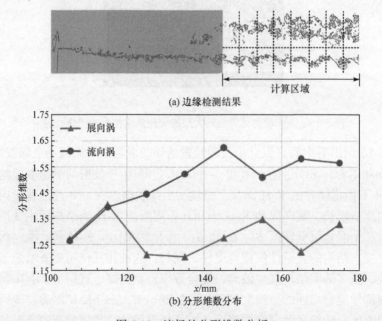

(a) 边缘检测结果

(b) 分形维数分布

图 5-17　流场的分形维数分析

图 5-17 给出分形维数的计算示意图，计算流动远场[100, 180]内流场的分形特性。首先对该区域内的流动采用 Canny 算子进行边缘检测，将该区域内的流动分为两部分，分别对应于流向涡结构和 K-H 涡结构。将每部分边缘检测结果分为 8 小块，分别计算每块区域的分形维数，结果如图 5-17(b)所示。

在流向 100～120mm 处，流向涡和 K-H 涡拥有相似的分形维数分布，表明在该区域这两种涡形态具有相近的湍流强度。之后 $x>120$mm 处，流向涡的分形维数经历较为显著的增长，最终在远场处稳定在 1.55 附近，这也是学者们普遍证实和认可的完全湍流的分形维数值。分形维数的快速增长表明流场的湍流脉动十分剧烈，有利于流动的快速掺混。对于 K-H 涡，其分形维数在远场处变化甚微，且稳定在 1.25 附近，这正是 K-H 大尺度拟序涡结构的典型分形维数值。

上面的分析表明，流向涡结构具有更高的分形维数值且其三维特性更为显著。此外，本次研究表明有中间等直段的三角波瓣结构对于促进流动混合的效果更好，因此下面着重分析该三角波瓣装置诱导的流场分形特性。

图 5-18 为采用 Canny 边缘检测算子获得的混合层分界面曲线。为了研究流向涡结构对流场特性的影响，从流向涡出现的位置(x=20mm)开始计算分形维数。将流场沿流向划分为 14 个区域，每个区域的长度为 10mm，分别计算每个区域的分形维数值。

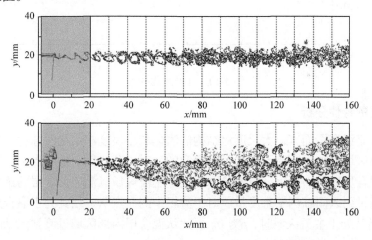

图 5-18　采用 Canny 边缘检测算子获得的混合层分界面曲线

图 5-19 给出平板混合层和有中间等直段三角波瓣诱导的流向涡混合层的分形维数计算结果。在混合层的初始阶段平板混合层的分形维数存在迅速增大的过程，在这一阶段流场中展向涡结构的配对与合并过程导致涡结构与主流的分界面变得复杂和不规则。随着流动向下游发展，大尺度涡结构开始破碎，混合层逐渐发展为湍流。大尺度涡结构破碎过程完成后，流动进入完全湍流区，在此区域内

混合层的三维特性趋于稳定,流动的分形维数保持在 1.55～1.6。对于平板混合层,赵玉新[26]研究指出虽然小尺度涡结构脉动的形态各异,但完全发展湍流的分形维数基本是固定的,稳定在 1.5～1.6,与本书研究的结论相符。流向涡流场的分形维数分布与平板混合层有着显著的不同。流向涡的出现导致流场中持续存在两种剪切作用:上下来流的速度剪切和流向涡与展向涡的相互剪切。涡结构在向下游发展过程中破碎性逐步增加,流场的分形维数呈现出线性增长的趋势,在下游145mm 处其分形维数值达到 1.88,突破了平板混合层中完全湍流区的分形维数值。这表明在流向涡流场中,相比于来流的速度剪切,流向涡与展向涡的剪切作用主导了流场中涡结构的破碎和流动三维特性的演化。

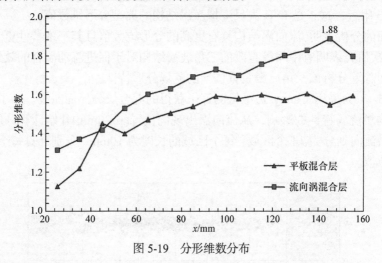

图 5-19　分形维数分布

5.2.4　间歇特性分析

对湍流混合层而言,大尺度涡结构的演化和小尺度涡结构的脉动,使得混合层与主流区域的分界面是不规则且非定常的。对于分界面上的一点 N,某一时刻其处于混合层区域,而下一时刻又可能处于主流区域。湍流混合层的这种间歇特性可以通过引入间歇因子来度量。对于流场中的一点 N,当其处于混合层中时,β 为 1;当其处于主流区域时,β 为 0。由此从混合层内部区域过渡到流动的主流区域,间歇因子 γ 从 1 过渡到 0。

图 5-20 给出本书研究采用的基于边缘检测计算间歇因子的方法。采用 Canny 边缘检测算子获得流动分界面的曲线之后,在流向某一位置处自上而下进行检测,遇到第一个边缘点 m 时认为该点为混合层和主流的边界。对于流向涡混合层,流场中存在三个混合层区域(Ⅰ、Ⅱ和Ⅲ),对于每个混合层区域分别检测主流与混合层的边界,如图 5-20(b)所示。位于 m 和 m'、n 和 n'、p 和 p' 之间的区域则为完全湍流区。

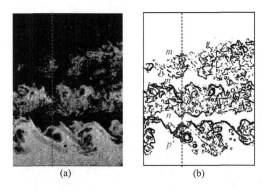

图 5-20 边缘检测计算间歇因子方法

图 5-21 给出平板混合层和有中间等直段三角波瓣诱导的流向涡混合层在流向位置 x=80mm，100mm，120mm 以及 140mm 处的间歇因子分布曲线，每个位置处的间歇因子分布曲线都是基于 100 幅图像的计算结果。从图 5-21 中可以看

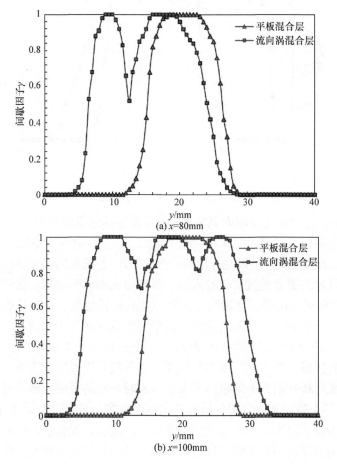

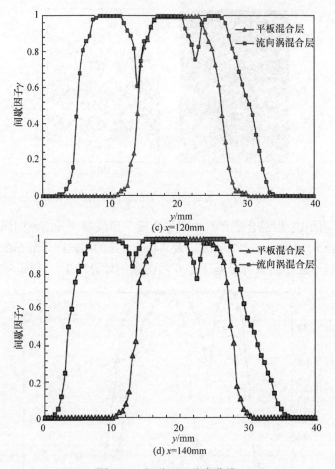

图 5-21 间歇因子分布曲线

出，无论是平板混合层还是流向涡混合层，随着流动向下游发展，混合层的 γ 分布越广，这与前面的流动显示结果相一致。同时，在同一流向位置处，流向涡混合层的 γ 分布范围明显大于平板混合层的 γ 分布范围，表明流向涡诱导的混合层有着更大的混合区域，更多的流质被卷入混合区域完成混合的过程。此外，在流向涡的边界处 γ 分布更为饱满，这表明流向涡与主流边界处的涡结构具有更为强烈的脉动特性，流向涡和主流之间的质量、动量和能量交换更为剧烈。

Christensen[27]研究湍流的统计特性提出，当间歇因子大于 0.8 时，可认为流动处于完全湍流区域。基于此，本书研究提出如下混合层厚度的定义：对于混合层流动，基于统计特性研究的间歇因子大于 0.8 时对应的横向区域为混合层厚度。图 5-22 给出四个流向不同位置处的混合层厚度分布。可以发现，对于平板混合层，在流动发展为以小尺度涡结构为主的完全湍流区域后，混合层的厚度基本保持不变；然而，随着流向涡向下游发展过程中涡簇结构带尺度的增大，流向涡诱导的混合层厚度有一个显著增大的过程，这种混合层厚度的增大有利于为促进掺混提供空间，更多的流质被卷吸进入混合区完成混合。

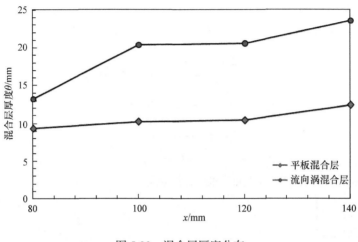

图 5-22　混合层厚度分布

5.3　斜激波诱导混合增强

在超声速/高超声速推进系统中，混合层和激波是两种典型的流场结构。在组合循环发动机中，存在多种激波和流动的相互作用。例如，激波边界层干扰使得流动发生突然转捩等，这类流动现象已经得到广泛的研究。另一种典型的现象是斜激波与混合层相互作用。过去的研究表明，斜激波通过和混合层中涡结构相互作用能够显著改变流动的混合过程。然而，已有研究虽然证实了斜激波能够诱导混合增强，但是对于增强机制的研究还有待完善。此外，过去的研究大部分基于单侧激波诱导混合增强开展，而在实际发动机流场中，激波结构在流道中广泛存在，因此在本章中同时开展单侧和双侧斜激波诱导混合增强的数值研究，获得流场的结构分布，定量分析斜激波诱导混合增强的效果，最后借助涡量输运模型揭示斜激波与涡结构的相互作用机制。

5.3.1　计算模型和参数

斜激波与混合层相互作用的示意图如图 5-23 所示。在斜激波作用下，混合层发生偏转，同时流场的结构和统计特性发生显著变化。本书研究中，无量纲计算域为 $L_x \times L_y = 600 \times 100$，网格分布为 $N_x \times N_y = 2160 \times 320$，流向网格均匀分布，横向网格从两侧向中间加密，保证混合层核心区网格最小分辨率和 Kolmogolov 尺度在一个量级范围内。上下两层密度相等，当地声速 $a_1 = a_2 = 1$，上下两层流动马赫数

Ma_1=2.4，Ma_2=3.0，则来流的对流马赫数 Mc=(Ma_1−Ma_2)/(a_1+a_2)=0.3。当 Mc<0.4 时，流场处于弱可压范围内，混合层结构以二维特征为主，因此本书采用二维 DNS 方法来开展研究。入口边界直接给定来流条件，采用斜激波关系式获得激波入射点前后的参数分布。设激波偏转角为 θ，激波角为 β，则有

$$\tan\theta = 2\cot\beta \frac{M^2 \sin^2\beta - 1}{2 + M^2(\gamma + \cos(2\beta))}$$

$$\frac{P_2}{P_1} = 1 + \frac{2\gamma}{\gamma+1}\left(M^2 \sin^2\beta - 1\right) \tag{5-2}$$

$$\frac{\rho_2}{\rho_1} = \frac{(\gamma+1)M^2 \sin^2\beta}{2 + (\gamma-1)M^2 \sin^2\beta}$$

式中，下标 1 和 2 分别代表波前和波后的参数。

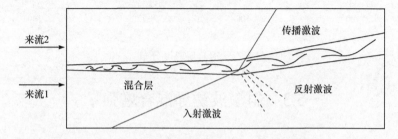

图 5-23　斜激波与混合层相互作用的示意图

为了系统研究斜激波与混合层的相互作用，本书研究设置三种工况，分别对应于自由混合层、单侧入射激波及双侧入射激波混合层。激波强度均为 $\Delta P / P$ = 0.571。值得注意的是，本书并没有研究激波强度的改变以及单侧激波入射位置的改变对流场混合的影响，因为过去学者们在这方面已经开展了大量工作。本书研究的三种工况的激波混合层相互作用计算参数如表 5-2 所示。

表 5-2　激波混合层相互作用计算参数

参数	工况 1	工况 2(单侧)	工况 3(双侧)
Ma	3.0, 2.4	3.0, 2.4	3.0, 2.4
Mc	0.3	0.3	0.3
激波入射位置	—	x=75, y=0	x=75, y=0; x=130, y=200
激波强度	—	$\Delta P/P$=0.571	$\Delta P/P$=0.571

5.3.2　流场结构分布

图 5-24 给出三种工况诱导混合层的展向无量纲涡量分布云图，展向涡量采用涡量厚度和速度进行无量纲化。在 Mc=0.3 的弱可压混合层中，涡的配对合并仍

然是结构生长的主要方式。在工况 2 中,斜激波作用下混合层倾向于向上侧偏转。

为了更好地展示激波混合层作用处的流场结构,采用基于密度场分布的数值纹影方法获得流场的纹影分布,其表达式如下。

$$S = \beta \exp\left(-\frac{\kappa|\nabla\rho|}{|\nabla\rho|_{\max}}\right) \tag{5-3}$$

$$|\nabla\rho| = \sqrt{\left(\frac{\partial\rho}{\partial x}\right)^2 + \left(\frac{\partial\rho}{\partial y}\right)^2} \tag{5-4}$$

式中,$|\nabla\rho|$ 是密度梯度的绝对值,下标 max 是在计算区域内密度梯度绝对值的最大值;β 和 κ 是调节因子,当 β 和 κ 分别取 0.8 和 15 时会得到较好的流场显示效果。

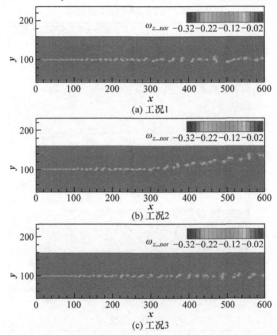

图 5-24　三种工况诱导混合层的展向无量纲涡量分布云图

图 5-25 给出工况 2 下流场的数值纹影结果。由图 5-25 可以清楚地辨识到入射激波、反射激波以及膨胀波的分布,这与 Buttsworth 等[28]的研究相一致。同时在 x=300 处,由于激波和混合层的作用,入射激波在此处变为曲线分布,此处流场的大涡结构相当于在激波前进方向上的一个障碍物,诱导了弓形激波的产生。

图 5-26 给出三个工况下流场的时均无量纲密度场分布。很显然在工况 2 中,激波作用下混合层在 x=300 处开始发生偏转。而在工况 3 中,由于上下两侧的激波强度相等,激波作用后混合层上下两侧具有相等的当地压力,因此流动保持水

平向右发展。

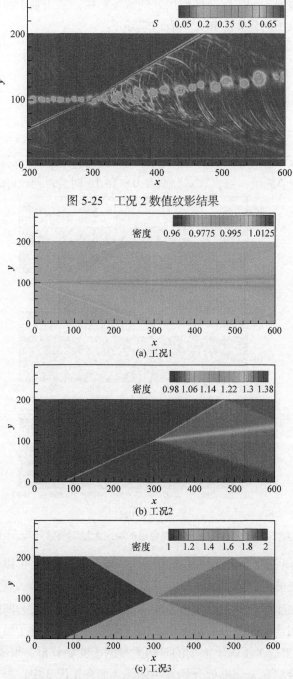

图 5-25　工况 2 数值纹影结果

(a) 工况1

(b) 工况2

(c) 工况3

图 5-26　三种工况下流场的时均无量纲密度场分布

　　图5-27给出三种工况下时间平均无量纲展向涡量分布,分别对应于流向$x=280$,
300, 330 及 360 位置。在波前 $x=280$ 处, 三种工况下混合层核心区的剖面符合得
较好,两侧出现的峰值分别对应于工况 2 和工况 3 下斜激波作用的结果。在$x=300$
处, 激波作用下展向涡量的峰值显著提高, 尤其在工况 3 中, 峰值提高 56%, 表
明双侧斜激波显著改变了流场涡量的输运特性。在波后 $x=330$ 和 360 位置处, 工
况 2 和工况 3 中展向涡量的剖面形状更加陡峭, 表明激波作用下流场的混合区域
发生改变。

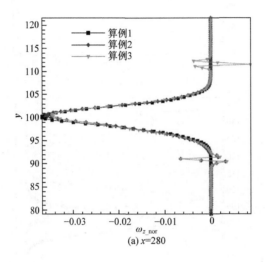

(a) $x=280$

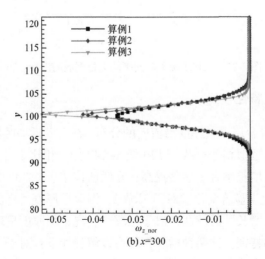

(b) $x=300$

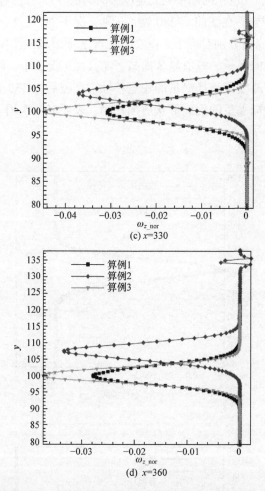

图 5-27　三种工况下时间平均无量纲展向涡量分布

5.3.3　混合层增长特性

图 5-28 给出混合层涡量厚度沿流向的分布。在流动近场区域，三种工况下混合层厚度的增长率近似相等；从 $x=120$ 至 $x=240$ 处，相比于自由混合层，工况 2 和工况 3 中混合层增长率有了显著提高；在激波作用点 $x=300$ 附近，工况 2 和工况 3 的混合特性发生显著变化。对于工况 2，混合层厚度呈现出"减小—剧烈增长—突然降低—再增长"的特征；对于工况 3，混合层厚度呈现出"减小—缓慢增长—再增长"的特征。这两种增长特性可以解释如下：对于工况 2，入射激波在穿越混合层时，造成当地的 $\left|\partial\tilde{u}/\partial y\right|_{\max}$ 出现极小值，因此在激波作用处出现混合

层涡量厚度峰值的现象。而在激波作用后，混合层的 $\left|\partial\tilde{u}/\partial y\right|_{\max}$ 和展向涡量均显著增长，使得混合层厚度减小；对于工况 3，由于上下两侧激波的强度相等，这里并没有在激波作用处出现涡量厚度峰值的情况。同样地，结合图 5-28 可以发现，双侧激波作用下混合层的 $\left|\partial\tilde{u}/\partial y\right|_{\max}$ 和展向涡量增长更为明显。此外，在波后 x=320 至 x=460 范围内，三种工况下线性拟合的增长率分别为 0.0173、0.0247、0.0287，表明在激波作用后的一段区域内，相比于自由混合层，激波能够诱导出显著的混合增强。双侧激波比单侧激波更能诱导出高增长率的混合层；而在流动远场 x>460 区域内，三种工况下的混合层增长率近似相等。这与 Shau 等[18]的结论相一致，即激波对混合层增长的影响只有在激波与混合层相互作用位置的附近才有显著的效果，在流场下游远场处混合效率又回到常规水平。

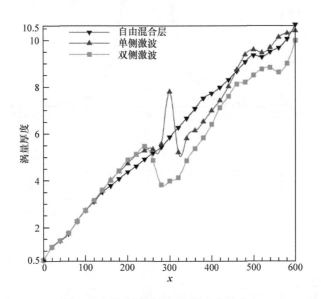

图 5-28　混合层涡量厚度沿流向的分布

图 5-29 给出在不同流向位置处湍动能分布。在波前流场 x=280 处，三种工况下湍动能呈现的分布特点类似。而在激波作用位置处，工况 2 和工况 3 中流场的湍动能有了急剧增长，在波后 x=330 处，尽管湍动能有所减小，但其峰值仍然明显高于无激波作用下的混合层，同时由于激波的压缩作用，湍动能分布曲线变得狭窄；在流动远场 x=560 处，尽管前面的分析表明三种工况在该区域的混合层增长率近似相等，但激波诱导的混合层仍然具有更大峰值的湍动能分布。Lu 等[17]的研究表明，激波诱导混合增强的机理在于流场中湍流强度的剧烈增长以及更多的能量从主流中得到转移。实际上，湍动能的

显著增长表明流场中结构具有强烈的脉动特性，涡结构的急剧旋转加剧了上下两层流动的掺混。

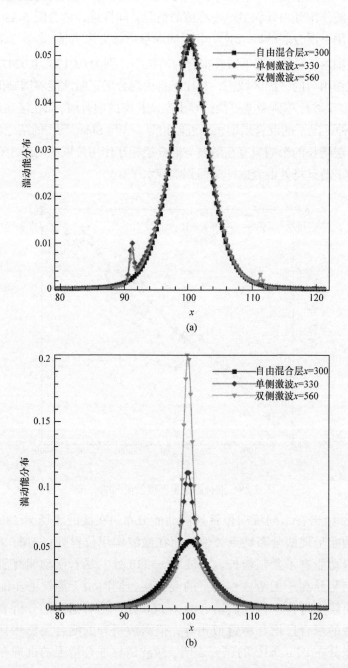

(a)

(b)

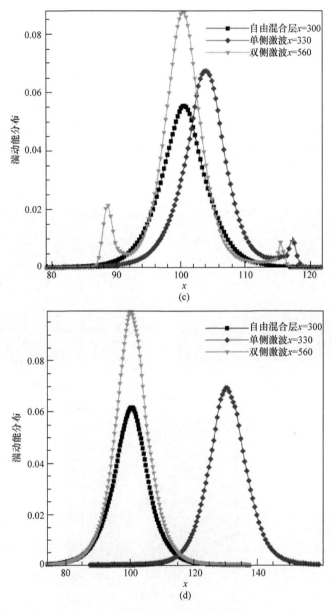

图 5-29　不同流向位置处湍动能分布

　　因此，尽管对于混合层增长率，激波的作用仅体现在激波混合层作用点的附近，但是对于流动的湍流强度和脉动特性，激波尤其是双侧激波作用下，流动的湍动能在波后至远场区域均实现显著增长，表明双侧激波更有利于促进流动的快速掺混。

5.3.4　激波与涡结构作用机制

图 5-30 给出激波与混合层作用位置 $x=300$ 附近涡核处展向无量纲涡量分布。在作用点上游 $x<300$，三种工况下展向无量纲涡量的大小相近；而在激波混合层相互作用后，即流向 $x>300$ 的区域，三种工况下展向无量纲涡量的分布有显著的区别。对于单侧激波作用的混合层，无量纲涡量的变化为 $-0.188\sim-0.229$；对于双侧激波作用的混合层，无量纲涡量的变化为 $-0.225\sim-0.306$。双侧激波作用下易诱导出更强的展向无量纲涡量分布，这在过去的研究中少见报道，因此有必要详细分析涡量急剧增长的机理。

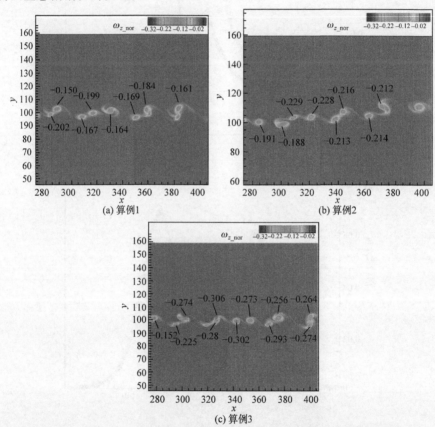

图 5-30　激波与混合层作用位置 $x=300$ 附近涡核处展向无量纲涡量分布

激波作用下涡量的显著增长可以借助涡量输运方程进行分析。很显然，斜激波通过作用于涡量输运方程，使得流场涡结构的强度发生显著变化。忽略惯性力和黏性项，只考虑展向涡量的分布情况，则有

$$\frac{\mathrm{d}\omega_z}{\mathrm{d}t} = -\omega_z(\nabla \cdot U) + \frac{1}{\rho^2}(\nabla\rho \times \nabla\rho) \cdot \boldsymbol{e}_z \tag{5-5}$$

式中，$\omega_z(\nabla \cdot U)$ 和 $\dfrac{1}{\rho^2}(\nabla\rho \times \nabla\rho)$ 分别对应于膨胀项和斜压项；e_z 是单位矢量。

图 5-31 和图 5-32 分别给出单侧激波和双侧激波与混合层作用位置附近膨胀项 $\omega_z(\nabla \cdot U)$ 的等值线和展向无量纲涡量分布云图。可以发现，速度的散度 $\nabla \cdot U$ 总是为负值，而激波作用位置处的涡量也为负值，因此激波诱导的膨胀项 $\omega_z(\nabla \cdot U)$ 为正值。从方程(5-5)可以发现，膨胀项对于激波的压缩作用能够显著提高结构的涡量强度。尤其对于工况 3 的情况，在双侧激波作用下，涡结构呈现出更加狭长的分布特征，涡量更为集中，流动受到激波的压缩作用更为明显。实际上与低速不可压流动不同，可压缩混合层结构的演化同时受到对流运动和压缩性的影响，而激波诱导的流动涡量的变化正是通过增强流动在当地的压缩性来实现的。

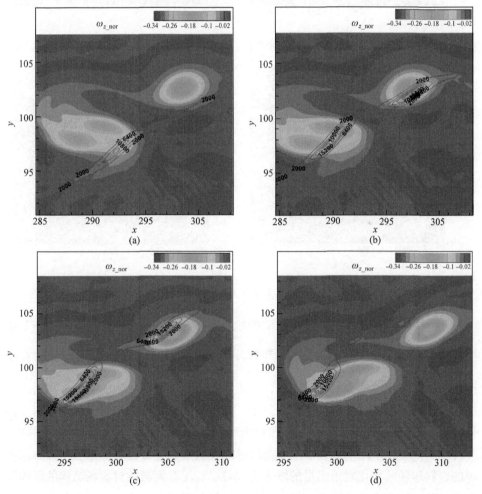

图 5-31　工况 2 中 $x=300$ 附近膨胀项 $\omega_z(\nabla \cdot U)$ 的等值线和展向无量纲涡量分布云图

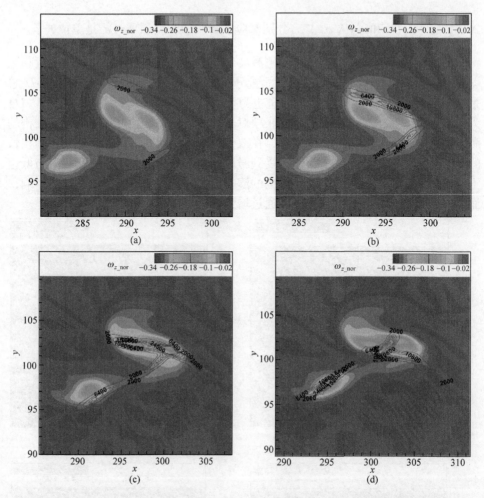

图 5-32 工况 3 中 $x=300$ 附近膨胀项 $\omega_z(\nabla \cdot U)$ 的等值线和展向无量纲涡量分布云图

图 5-33 和图 5-34 分别给出单侧激波和双侧激波与混合层作用位置附近斜压项 $\frac{1}{\rho^2}(\nabla \rho \times \nabla \rho)$ 的等值线和展向无量纲涡量分布云图。与膨胀项不同的是，在激波作用区域斜压项的分布有正有负，且正值和负值具有可比较的量级，同时无量纲的斜压项比膨胀项总体上低一个量级。对于本书研究，负的斜压项分布对于涡量的增强具有促进作用，而正的斜压项则对于涡量的增强有抑制作用。显然，回到方程(5-5)，激波作用于混合层主要是通过改变涡量输运方程中的膨胀项分布来实现的，斜压项的变化对于涡量的增大贡献较小。而双侧激波对流场结构的压缩作用更显著，因此更易诱导出流场中更高的涡量分布。

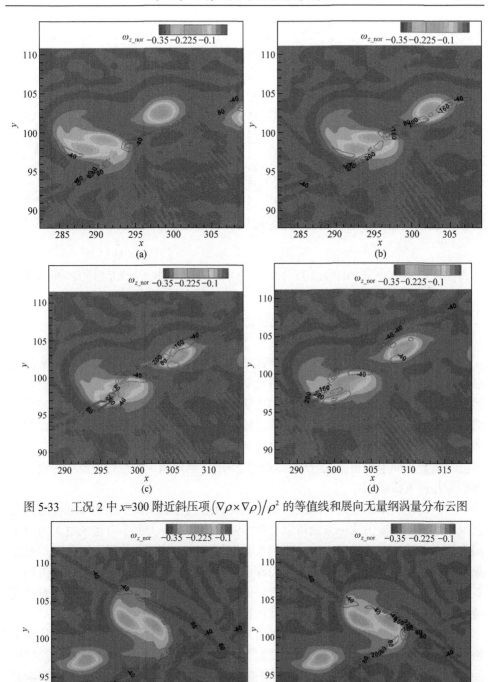

图 5-33　工况 2 中 x=300 附近斜压项 $(\nabla\rho\times\nabla\rho)/\rho^2$ 的等值线和展向无量纲涡量分布云图

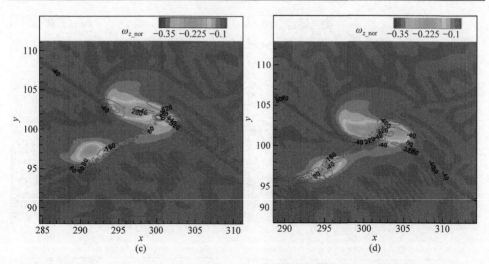

图 5-34　工况 3 中 $x=300$ 附近斜压项 $(\nabla\rho\times\nabla\rho)/\rho^2$ 的等值线和展向无量纲涡量分布云图

5.4　凹腔自激振荡诱导混合增强

　　利用凹腔的非稳定性振荡对超声速增强混合的相关研究早已开展。在来流马赫数为 2 的冷流中，通过在凹腔上游用氦气模拟燃料横向喷注，学者们发现在凹腔前缘产生大尺度拟序结构并向下游传输，导致燃料与空气形成的混合层发生扭曲增强了混合。之后在马赫数为 2 的冷流中开展试验研究，学者们发现凹腔的自激振荡对下游的燃料喷注混合有明显的改善作用。但上述研究往往集中在超声速来流与垂直方向上的射流混合中，对凹腔应用到两股超声速平行来流中的混合增强研究却鲜有报道。

　　本节提出利用凹腔的自激振荡在平板混合层低速侧来流上施加激励，达到增强混合的目的。该方法一方面可以有效增强混合；另一方面不会造成过大的总压损失。本章采用商业软件 Fluent 中的大涡模拟方法模块，获得了不同凹腔构型参数包括凹腔长深比、后缘倾角和凹腔深度条件下的流场结构，采用混合层失稳位置、增长率、雷诺应力对超声速混合层的掺混效率进行定量评估，分析其对掺混特性的影响并对凹腔增强混合的机理进行研究。

　　对于二维和三维计算区域进行网格划分，如图 5-35 所示，全区采用结构化网格，对凹腔、隔板、上下壁面附近及混合区域进行加密，壁面均为无滑移绝热壁面。对于三维问题，在展向上采用均布网格，网格尺寸 Δz 适度放大但又不影响对流场结构的捕捉。对 LES 方程采用有限体积法进行空间离散，对流项采用二阶迎风格式，黏性项采用中心差分格式，离散化方程采用隐式耦合算法求解，时间离散采用隐式双时间步方法。

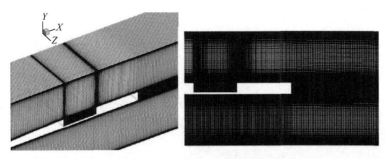

图 5-35　计算构型网格划分

5.4.1　流场可视化结果

本书中采用的隔板厚 5mm，在板后回流区边缘处与超声速来流发生剪切作用，剪切层在回流区末端汇合形成非对称混合层。回流区内为亚声速而主流区内为超声速，上下来流在隔板末端产生方向偏转，与回流区产生黏性剪切，形成层流剪切层，这是混合层上游流场的扰动来源之一。上下两股气流在回流区末端形成的混合层结构很快失稳转捩，在计算得到的混合层流场结构中仅为大尺度涡，与实际流场结构不同。大尺度涡模拟过滤掉流场中的小尺度涡结构，而仅求解大尺度涡结构。

在回流区与尾迹转换处产生两道再附激波，如图 5-36 所示，而再附激波的位置大致与混合层开始出现转捩的位置一致，可以推测再附激波对尾迹的干扰可能是混合层出现转捩的原因。在反射激波的作用下获得涡量增益，这是因为两股气流界面上密度梯度与压力梯度并不重合而出现斜压涡量，截面获得一定的加速度，此为 R-M 不稳定性，流动带有的扰动会逐渐演化发展，形成湍流混合层结构。之后 R-M 不稳定加速混合层的转捩，出现大涡管结构，以涡管为中心，缠绕周围流质，这里的涡管就像一个"搅拌器"，在向下游输运的过程中不断搅拌周边流质参与混合。平板混合层流场涡结构的演化整体过程如图 5-37 所示。

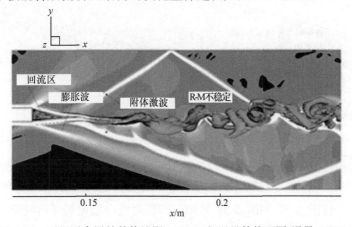

图 5-36　平板混合层的数值纹影(z=3mm)与涡量等值面图(涡量=50000)

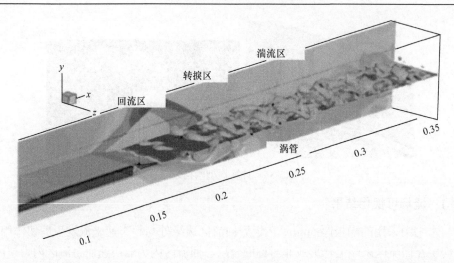

图 5-37　h=5mm 平板混合层密度(z=3mm)、涡量截面(y=2.5mm)和涡量等值图(涡量=50000)

　　当隔板上引入凹腔时，隔板后缘回流区与下侧来流剪切仍然保持层流状态，而上侧来流在凹腔的激励下产生许多不稳定涡结构，与回流区剪切形成湍流剪切层，如图 5-38 所示。回流区有略微减小的趋势，而混合层失稳位置已经大大提前。上游的凹腔激励被传递到混合层流场中，与尾迹相互作用产生一定频率的涡结构，与平板混合层流场结构不同的是，该流场在大尺度涡破碎的边缘出现很多小尺度涡，对应其中高阶频率。这表明，流场中存在多阶频率的激励，这与凹腔流动中的多阶自激振荡模态有关。凹腔隔板混合层提前进入完全湍流状态，而呈现出的湍流涡结构更加杂乱无章。

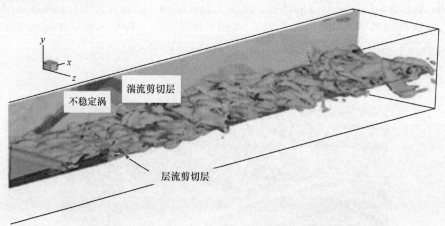

图 5-38　h=5mm 凹腔混合层密度(z=3mm)、涡量截面(y=2.5mm)和涡量等值图(涡量=50000)

　　此外，对比图 5-37 和图 5-38 可知，凹腔对混合层流场结构的影响主要表现为小尺度涡结构的出现提前。小尺度涡结构是二次失稳的结果，增加了两股来流之间动量交换的接触面积,有利于提高掺混效果。随着向下游的发展,大尺度涡结构周边出现各种尺度的小尺度涡结构,卷吸上下两侧的主流进入混合层区域,波及范围越来越大直到饱和。

5.4.2　凹腔对混合特性的影响

为了定量研究凹腔对平行来流超声速混合层混合特性的影响,采用混合层速度厚度来描述掺混效果。图 5-39 为平板和凹腔混合层厚度沿流向的分布。在流动方向上,超声速混合层厚度的增长并非线性的。在流向 170mm 处,超声速混合层受到激波的影响,压缩性增强,混合层厚度急剧减小。激波对混合层干扰使混合层获得涡量增益,激波后混合层厚度快速增长。在流向 300mm 处,隔板带凹腔的超声速混合层厚度提高了约 73.3%。

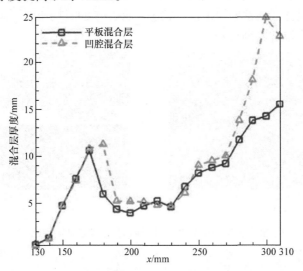

图 5-39　平板和凹腔混合层厚度沿流向的分布

5.4.3　隔板的凹腔构型参数对掺混特性的影响

1. 凹腔隔板长深比对掺混特性的影响

图 5-40 为 $K=5$ 时低速侧隔板凹腔及板后混合层区域的流线分布。在凹腔区域形成回流区,回流区与主流发生强烈的剪切作用。剪切层在凹腔后壁受到撞击,产生大尺度的回流涡一部分向前传递,另一部分再附着于平板壁面上输运至混合层区域。对比隔板上下两侧流线变化可以发现,有凹腔侧流线出现明显的波动。凹腔诱导产生的不稳定涡及凹腔剪切层不稳定性直接导致的压力、速度的脉动是凹腔诱导混合增强的主要原因。凹腔诱导混合增强的详细机理将在 5.4.4 节中讨论。在板后形成低速回流区,如图 5-40 所示,流动在隔板尾缘产生不稳定的脱落

频率，上下侧来流交替被卷吸进回流区，回流区与超声速流的剪切层动量梯度非常大，产生强烈的动量交换，有助于掺混过程的进行。隔板尾缘不稳定涡的脱落与回流区大动量梯度的强烈剪切作用直接导致混合层的提前失稳，回流区的大小与板厚有关。

　　图 5-41 为在 x=135mm，210mm，250mm，290mm 不同位置凹腔长深比沿流向位置的时均速度剖面。在四个流向位置上，K=0 和 K=1 的速度剖面基本保持一致，K=1 时凹腔对混合层产生的激励十分有限。从图 5-40 也可以看出，此时主流与凹腔回流区产生的剪切层并未失稳，凹腔被来流边界层淹没，内部扰动很难传至主流区。混合层在向下游发展过程中呈扩张态势，厚度不断增长，但其厚度的增长并不能无限制进行，而在一定位置上趋于饱和。在 x=250mm 处，K=3 的时均速度剖面与 K=0 的时均速度剖面基本保持一致，此位置凹腔扰动对混合层的影响已十分有限，混合层的发展趋于饱和状态。而 K=5 的时均速度剖面仍表现出较大的差异性，混合层仍不断增长。

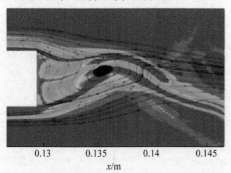 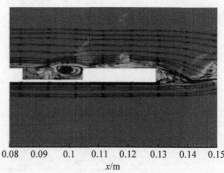

图 5-40　低速侧隔板凹腔及板后混合层区域的流线分布

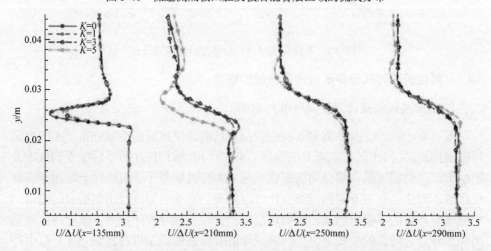

图 5-41　不同凹腔长深比沿流向位置的时均速度剖面

图 5-42 给出不同凹腔长深比涡量厚度沿流向的增长。可见，随着凹腔长深比的增长，涡量厚度有了明显的增长，当 $K=5$ 时，在板后 200mm 处，涡量厚度提高了约 35.2%。

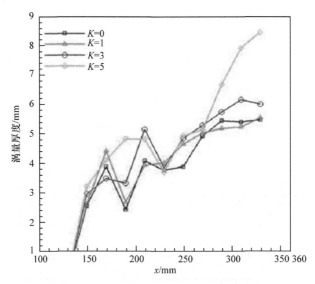

图 5-42　不同凹腔长深比涡量厚度沿流向的增长

雷诺应力表征的是流体微团跳动引起界面两侧的动量交换特性。图 5-43 给出不同凹腔长深比时在板后 100mm 和 150mm 时均雷诺应力的分布。通过对比分析可以发现，随着凹腔长深比的增加，时均雷诺应力峰值出现不同程度的增长。当 $K=1$ 时，在两个流向位置上时均雷诺应力分布峰值及雷诺应力的分布与平板混合层比较相似；在纵坐标 0~0.025m 区域，时均雷诺应力分布基本保持一致，在 0.025~0.051mm 区域出现较小幅度的增长。当 $K=5$ 时，时均雷诺应力峰值大幅增长，与平板混合层相比，在 $x=100$mm 和 $x=150$mm 时，时均雷诺应力峰值均提高了约 27%。通过上述对比分析可以说明，当 K 值比较小，即 $K<5$ 时，凹腔增混的作用并不明显；当 $K=5$ 时，凹腔增混效果显著，这与对涡量厚度得到的结论是一致的。

2. 凹腔后缘倾角对掺混特性的影响

为了定量评估不同后缘倾角的掺混效果，在流向 $x=280$mm 处分别提取三种工况下的无量纲化时均雷诺应力的分布，如图 5-44 所示，雷诺应力可表征剪切层动量交换特性。三种工况下无量纲时均雷诺应力的剖面表现相似，均在混合层区域出现峰值。两侧主流区域，由于没有动量交换，其值为 0。越靠近混合层区域动量交换越剧烈，无量纲时均雷诺应力在流向截面上沿纵坐标的分布是动量厚度的一种体现。当 $\theta=30°$，无量纲时均雷诺应力在流向截面上的分布范围明显小于后缘倾角(60°和 90°)。当后缘倾角为直角时，无量纲时均雷诺应力的峰值较后缘倾角(60°和 30°)时分别提高 13.04%和 26.83%。

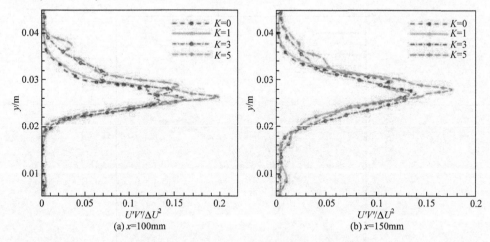

图 5-43　不同凹腔长深比时均雷诺应力的分布

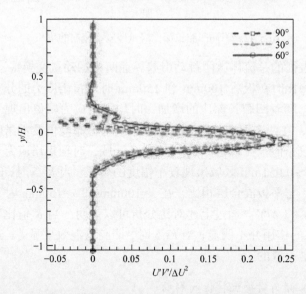

图 5-44　不同凹腔后缘倾角时混合层区域的无量纲时均雷诺应力($x=280mm$)

3. 凹腔深度对掺混特性的影响

为了研究凹腔深度对混合层掺混效果的影响，采用大尺度涡模拟的方法对凹腔长 $L=20mm$，深度 $D=2mm$，4mm 两种工况进行数值仿真，得到的二维涡量云图如图 5-45 所示。当 $D=2mm$ 时，凹腔剪切层的发展并不充分，以层流剪切为主，基本覆盖整个凹腔，对流场的激励作用是比较有限的。由于凹腔较浅，在剪切层遇到凹腔后缘时，其活动范围比较有限，难以撞击前传并与压力波耦合导致剪切层失稳。在混合层区域频率成分比较集中，以大尺度涡结构为主，这也印证了凹腔激励比较有限的推断。当 D=4mm 时，凹腔剪切层发展得比较充分，与凹腔后缘产生撞击并出现涡量的再分配，一部分能量直接进入主流。在混合层区域，不断出现小尺度涡脱离大尺度涡，小尺度涡结构的出现伴随流场中的高频成分，动量交换界面进一步放大。

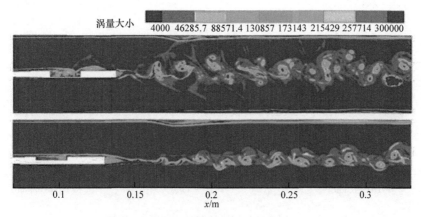

图 5-45　不同凹腔深度的二维涡量云图

5.4.4　凹腔诱导混合增强的机理研究

凹腔对超声速混合层掺混特性的影响机理可以从凹腔的声学自激振荡与诱导流向涡产生两个方面来分析。凹腔剪切层主导凹腔体现出的主要流动特性，对混合层区域产生的扰动与凹腔流动的特性息息相关。随着凹腔剪切层向下游发展，涡量不断集聚发生从连续到集中的突变，涡量相对集中的地方形成涡核，进而形成展向涡结构。从凹腔剪切层时均速度剖面(图 5-46)可以发现，凹腔长深比越大，剪切层发展越充分，对主流的扰动越强烈。当 K=3，5 时，在主流位置的时均速度剖面均出现不同程度的变化。而当 K=1 时，表现基本一致，此时凹腔被边界层淹没，由于凹腔长度在流向较小，凹腔剪切层并未得到充分的发展，这是未对主流产生有效扰动的主要原因。

当凹腔剪切层与后壁相遇时，凹腔剪切层下潜与后壁撞击，剪切层涡结构破碎而涡量分布一部分流向下游，此时即产生流向涡结构，流向涡结构沿壁面向下游输运直接进入混合层区域；另一部分通过凹腔向前传递，并与凹腔剪切层耦合作用，诱导剪切层的失稳。在涡结构的两种重新分布方式中，伴随凹腔内压力和质量的振荡，这种振荡直接激励主流产生压力和速度的脉动。通过对比凹腔前后的流动迹线，凹腔后迹线出现明显波动，这是凹腔激励的直接结果。图 5-47 为在流动方向上的流向涡分布，流向涡主要表现出三维特性，不仅对纵向掺混有利，而且对展向掺混效果也十分明显。在流向涡的诱导下，当$K=5$时，无量纲展向速度的最大值可达0.41，无量纲纵向速度的最大值可达0.35，这可促进两侧气体之间的高效动量掺混；随着向下游发展，流向涡涡量逐渐减小，而扰动区域不断增加，说明混合越来越充分。

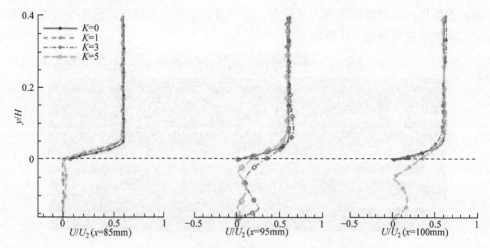

图 5-46　不同凹腔长深比的凹腔剪切层时均速度剖面

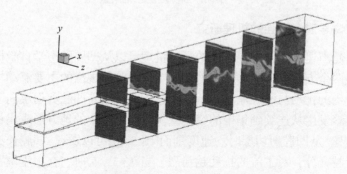

图 5-47　凹腔诱导产生的流向涡沿流向的分布

　　凹腔的后缘倾角是对流场特性产生重要影响的无量纲量。在凹腔流场中，凹腔剪切层的起伏曲展是由压力波前传过程中与剪切层的耦合作用造成的。当后缘为直角时，这种撞击作用最为强烈，凹腔剪切层直接撞击在后壁上，大部分能量以压力波的形式前传，并直接造成凹腔剪切层的失稳。当后缘开倾角时，剪切层内高动量的流体比较容易释放到主流中从而削弱振荡的形成基础。而凹腔的后缘斜坡将剪切层撞击后缘产生的压力波大部分反射到主流中，而不是沿凹腔内部向前传递，但这种撞击的能量已经被削弱，凹腔后缘倾角越小，剪切层撞击后缘倾角向主流释放的能量就越多。因此，这种自激振荡的作用被明显减弱，从数值模拟获得流场结构也可以得到证实。随着凹腔后缘倾角的减小，剪切层失稳位置逐渐后移，当后缘倾角为 30°时，凹腔剪切层基本淹没凹腔，这说明此时自激振荡特性已经极大地被削弱，其对混合层的影响也被削弱。

　　凹腔本身具有自激振荡的特点，这种自激振荡主要表现为压力的高频脉动。高频压力激励更有利于混合增强，而低频压力波动对混合增强的影响比较有限。多频激励更有利于混合增强效果的提升。在混合层一侧来流上游开有凹腔，就相当于引入了高频激励器，自激振荡的强度直接影响到混合层的混合效率。图 5-48 为混合层区域(180，0.5，15)K=0 和 K=5 时压力波动的频率分布。对比发现，K=0 时压力波动频率主要分布在较低的频段，此时的混合层区域主要体现为较大尺度的涡结构。K=5 时主频向高频方向移动，并且出现较多的其他频率成分，此时流场中大尺度和小尺度等多种涡结构并存。多尺度涡结构的出现直接增加了混合界面的接触面积，增加了混合效率。

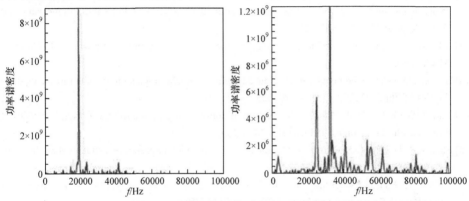

图 5-48　平板与凹腔隔板混合层区域压力波动的频率分布

参 考 文 献

[1] Island T C, Urban W D. Small-perturbation mixing enhancement in compressible shear layers[C]. Virginia: AIAA, 1997.

[2] Urban W, Watanabe S, Mungal M. Velocity field of the planar shear layer compressibility effects[C]. Virginia: AIAA, 1998.

[3] Swithenbank J, Chigier N A. Vortex mixing for supersonic combustion[J]. Symposium on Combustion, 1969, 12(1): 1153-1162.

[4] Sujith S, Muruganandam T M, Kurian J. Effect of trailing ramp angles in strut-based injection in supersonic flow[J]. Journal of Propulsion and Power, 2013, 29(1): 66-78.

[5] Wlezien R W, Kibens V. Passive control of jets with indeterminate origins[J]. AIAA, 1986, 24(8): 1263-1270.

[6] Rao S M, Jagadeesh G. Novel supersonic nozzles for mixing enhancement in supersonic ejectors[J]. Applied Thermal Engineering, 2014, 71(1): 62-71.

[7] Rao S M, Jagadeesh G. Observations on the non-mixed length and unsteady shock motion in a two

dimensional supersonic ejector[J]. Physics of Fluids, 2014, 26(3): 036103.

[8] Rao S M, Asano S, Saito T. Comparative studies on supersonic free jets from nozzles of complex geometry[J]. Applied Thermal Engineering, 2016, 99: 599-612.

[9] Naughton J M, Cattafesta L N, Settles G S. An experimental study of compressible turbulent mixing enhancement in swirling jets[J]. Journal of Fluid Mechanics, 1997, 330: 271-305.

[10] Fernando E M, Menon S. Mixing enhancement in compressible mixing layers: An experimental study[J]. AIAA, 1993, 31(2): 278-285.

[11] Dolling D S, Fournier E, Shau Y R. Effects of vortex generators on the growth of a compressible shear layer[J]. Journal of Propulsion and Power, 1992, 8(5): 1049-1056.

[12] Clemens N T, Mungal M G. Effects of sidewall disturbances on the supersonic mixing layer[J]. Journal of Propulsion and Power, 1992, 8(1): 249-251.

[13] Samitha Z A, Kumar B S, Balachandran P. Experimental study on supersonic mixing using clover nozzle[C]. Virginia: AIAA, 2007.

[14] Ganesh R, Samitha Z A. Mixing enhancement in supersonic coaxial flows with angled rear wall cavity using clover nozzle[J]. International Journal of Scientific Research Engineering and Technology, 2013, 4(8): 815-821.

[15] Menon S. Shock-wave-induced mixing enhancement in scramjet combustors[C]. Virginia: AIAA,1989.

[16] Hermanson J C, Cetegen B M. Shock-induced mixing of nonhomogeneous density turbulent jets[J]. Physics of Fluids, 2000, 12(5): 1210-1225.

[17] Lu P J, Wu K C. On the shock enhancement of confined supersonic mixing flows[J]. Physics of Fluids A: Fluid Dynamics, 1991, 3(12): 3046-3062.

[18] Shau Y R, Dolling D S, Choi K Y. Organized structure in a compressible turbulent shear layer[J]. AIAA, 1993, 31(8): 1398-1405.

[19] Génin F, Menon S. Studies of shock/turbulent shear layer interaction using large–eddy simulation[J]. Computers and Fluids, 2010, 39(5): 800-819.

[20] Zhang Y L, Wang B, Xue S Y. Mixing enhancement of compressible planar mixing layer impinged by oblique shock waves[J]. Journal of Propulsion and Power, 2015, 31(1): 156-169.

[21] Zhang D D, Tan J G, Hou J W. Structural and mixing characteristics influenced by streamwise vortices in supersonic flow[J]. Applied Physics Letters, 2017, 110(12): 124101.

[22] Zhang D D, Tan J G, Li H. Structural characteristics of supersonic mixing enhanced by introducing streamwise vortices[J]. Applied Physics Letters, 2017, 111: 114103.

[23] Zhang D D, Tan J G, Lv L. Investigation on flow and mixing characteristics of supersonic mixing layer induced by forced vibration of cantilever[J]. Acta Astronautics, 2015, 117: 440-449.

[24] 冯军红, 超声速混合层增长特性及混合增强机理研究[D]. 长沙: 国防科技大学, 2016.

[25] Jahanbakhshi R, Vaghefi N S, Madnia C K. Baroclinic vorticity generation near the turbulent/ non-turbulent interface in a compressible shear layer[J]. Physics of Fluids, 2015, 27(10): 105105.

[26] 赵玉新. 超声速混合层时空结构的实验研究[D]. 长沙: 国防科技大学, 2008.

[27] Christensen E M. Intermittency in large-scale turbulent Flows[J]. Annual Review of Fluid Mechanics, 1973, 5(1): 101-118.

[28] Buttsworth D R. Interaction of oblique shock waves and planar mixing regions[J]. Journal of Fluid Mechanics, 1996, (306): 43-57.

第6章　超声速混合层主动混合增强技术

6.1　主动混合增强技术分类

主动混合增强技术需要在流场中引入外部能量来实现对流动的控制。根据流动需要实现的控制目的，外部激励器可以输入特定频率和特定振幅的激励。主动混合增强技术的优点在于激励的位置和参数(主要指频率和振幅)等易于控制，缺点是需要引入外部激励，在工程应用中实现难度较大。但是主动混合增强技术的研究可以拓展和丰富相关流动理论(如波涡作用理论等)，学者们在过去30年对其开展了大量的研究工作。对于超声速混合层，主动混合增强常常作用于流动的上游位置，这样可以激发出流动的大尺度不稳定特征从而实现K-H涡结构的快速卷起。

实际上，主动混合增强技术的实现机理主要是促使流动提前失稳。因此，本节没有像被动混合增强技术部分依据不同的机理来进行分类，而是基于不同类别的混合增强技术进行综述。

6.1.1　平板自激振荡

采用PIV技术，Urban等[1]研究了置于来流分隔板处亚边界层内的三角形振荡平板对混合层掺混的影响，发现混合层的效率得到了显著提高。Doty等[2, 3]提出了新的方案，他们将波浪形壁面构型和作用于分隔板末端的电火花激励相结合来激励超声速混合层流场，效果如图6-1所示。其研究结果表明，在激励频率f=20kHz时，流场的混合效率最高，是无激励装置下增长率的1.5倍。

另外在本书之前的工作中，采用了外加振动控制系统促使薄平板强迫振动的方式来研究混合增强过程，研究获得不同振动频率和振幅下流场的精细结构。研究表明，在振动频率f=4000Hz时获得了最大的混合层增长率，关于强迫振动诱导混合增强的流场结构和增长特性将在6.2节详细分析。

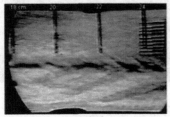
(a) 无激励

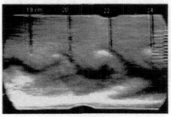
(b) 20kHz

(c) 30kHz

图 6-1　不同波浪壁面和电火花激励下的流场纹影结构[2,3]

6.1.2　激励器

激励器在流动控制中已经得到了广泛的应用，常见的激励器装置包括电磁激励以及等离子体激励等。McLaughlin 等[4]较早地开展了超声速流场中温度激励对流场发展演化的影响。在其研究中，他们在超声速来流的铝质分隔板后缘位置贴附薄铜质电片，电片与铝质分隔板相绝缘。铜质电片通上高振幅的振荡电压，在电压足够高时，电条与分隔板之间产生火花放电效应。电火花在靠近电片的区域能够产生强烈的温度扰动，从而有效地激发出混合层的大尺度结构。之后，Martens 等[5]采用类似的装置来激励 Mc=0.5 和 Mc=0.64 的混合层，他们获得了更高的混合效率。适当的频率激励下混合层增长率从 0.032 分别增长至 0.079 和 0.137。

通过采用等离子体激励，Samimy 等[6, 7]系统研究了超声速混合层的流动过程和混合特性。其研究将 8 个激励器安装在喷管的尾缘来实现不同模态的激励控制。图 6-2 的结果表明混合层对于不同条件下的激励均有所反馈，当激励频率 f=5kHz 时获得最显著的混合增强效果，这正好对应于斯特劳哈尔数(Sr)等于 0.33 的情况。后来这一结论得到了 Gaitonde 等[8]数值工作的验证。

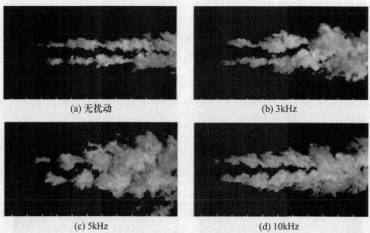

(a) 无扰动　　　　　　　　　　　(b) 3kHz

(c) 5kHz　　　　　　　　　　　(d) 10kHz

图 6-2　不同激励频率下流动的瞬态流场图像[6]

6.1.3　回流装置

回流装置一般通过在喷管处安装外圈结构来实现，外圈结构扮演着产生回流的角色，如图 6-3 所示。Strykowski 等[9, 10]首次在超声速混合层中采用回流装置来研究其对流动的影响。一次流作为主流并被外圈包围，这保证了一次流产生的声学激励能够回到一次流的边缘处从而产生一个激励反馈的回路。采用这种方法，Strykowski 等[10]证实了在仅有少量回流的情况下，流动能够实现较为显著的混合增强，如图 6-4 所示。

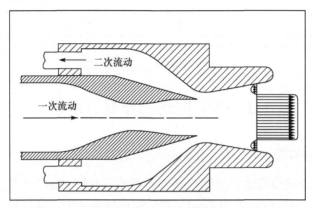

图 6-3　回流装置示意图[10]

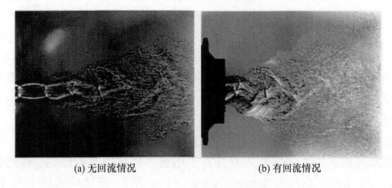

(a) 无回流情况　　　　　　　　　(b) 有回流情况

图 6-4　流场结构可视化图像[10]

本书仅综述了比较典型和常见的主动混合增强技术，表 6-1 中总结更多学者研究的相关技术和方法，同时给出混合增强的效果和相关的增强机理。需要指出的是，由于主动混合增强技术可以被认为是对流动未达到绝对不稳定之前的感受性问题，采用主动混合增强技术时需要让激励频率和流动的不稳定频率相匹配。

表 6-1　典型主动混合增强技术及其混合增强效果

文献	混合增强技术	Mc	混合增强机理	混合增强效果
Martens 等[5]	火花放电装置	0.64	促进流动失稳	δ'/δ=2.47
Strykowski 等[9]	回流装置	0.82	促进流动失稳	θ'/θ=1.6
Ahmed 等[11]	微阵列装置	—	促进流动失稳	θ'/θ=1.7
Martens 等[12]	带振荡火花放电装置	0.5	促进流动失稳	m'/m=1.37
Zhang 等[13]和张冬冬 等[14]	振动分隔板装置	0.22	促进流动失稳	δ'/δ_w=1.5
Doty 等[3]	火花放电装置	0.74	促进流动失稳	θ'/θ=1.5

注: δ 代表归一化混合层增长率; θ 代表混合层增长率; Π 代表两层来留的接触面积; m 和 m' 分别代表无激励/有激励下归一化质量——速度脉动量。

6.2　强迫振动诱导混合增强

6.2.1　试验件结构设计

本次研究的试验段装置及试验件流向截面示意图如图 6-5 所示。薄平板流向长度为 40mm,后缘厚度为 2mm。在后缘厚度较大时,混合层会在薄平板后形成回流区,对本次试验研究造成干扰,在厚度较小时则不利于刚性连杆的装置。薄平板前缘固支于喷管后端,后缘通过置于两侧的刚性连杆与下方的振动台相连,采用振动控制系统来控制薄平板的运动。为了使薄平板后缘受到激励时其振动效果能够很好地在流向传递,本次研究将试验件设计成两端稍厚、中间稍薄的结构,这对得到较好的试验效果起关键作用。通过振动控制系统设定运动为定频简谐运动,则其运动模型相当于一端固支,一端进行单自由度运动的悬臂梁。

本次试验研究所采用的振动控制系统由振动控制器、电磁振动台、功率放大器、冷却风机、压电传感器以及计算机组成,具有控制精度高、传感器漂移小的特点,振动控制系统的工作原理图如图 6-6 所示。系统的峰值力为 489N,最大加速度可达到 110g,可以控制的振动频率为 0~6500kHz。此外,对于不同的试验需求,可以对试验模型分别施加正弦、随机和冲击等振动形式。工作时,通过在计算机终端输入不同的振动频率和振幅数值,放置于试验模型下方的电磁振动台以相应的工作条件运作。而根据实时控制波谱得到的信号谱通过压电传感器来传递给振动控制器。同时,冷却风机用于排出振动控制系统在工作过程中产生的热量。

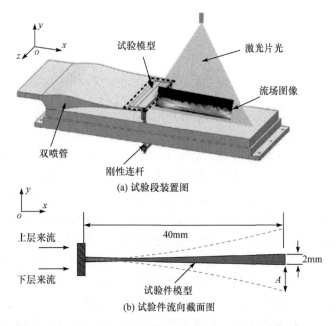

(a) 试验段装置图

(b) 试验件流向截面图

图 6-5　试验段装置及试验件流向截面示意图

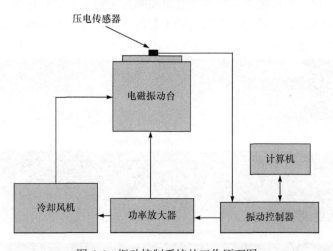

图 6-6　振动控制系统的工作原理图

　　此外，对于振动控制系统，最主要的测量误差来自传感器的漂移带来的灵敏度差异。本次试验采用的传感器灵敏度为 10.22mV/g，这一灵敏度足以保证振动控制系统的误差对于试验结果的影响是细微的。更多压电传感器误差的分析可以参考文献[15]。

　　此外，采用 3.1.1 节正激波关系式校测后的上下两层来流马赫数分别为 2.12 和 3.18，对流马赫数为 0.22。采用 NPLS 技术和 PIV 技术获得了强迫振动下流场的流动结构和速度场分布。

6.2.2　流场可视化结果

1. 流向结构的空间演化特性

在其他条件相同的情况下，试验分别对喷管后缘薄平板施加 200Hz 和 400Hz 的低频振动以及 2000Hz 和 4000Hz 的高频振动，以研究相比于无振动，超声速混合层在高、低频振动下流场结构的发展和演化规律。对于频率为 400Hz 的情况，通过改变强迫振动的振幅来研究振幅对混合层流场结构的影响。

图 6-7 是对薄平板施加低频振动后流场流向结构的 NPLS 图像。图 6-7(a)和图 6-7(b)分别对应于频率为 200Hz 和 400Hz，振幅均为 1.5×10^{-3}mm，其他条件相同。图像的实际尺寸为 180mm，流动从左向右发展。从图 6-7 可以看出，施加低频振动后，K-H 不稳定性作用下卷起的大尺度涡的波长增长为 14.20mm，且卷起的大尺度涡的个数增多，有利于增强上下层流动的混合，提高混合效率。同时应注意到强迫振动下，超声速混合层的三维特性得到增强，从而更早地诱发混合层的二次不稳定，导致混合层中大尺度拟序结构分布的规律性有所减弱，卷起的大尺度涡中往往包含小尺度涡。在改变振动频率为 400Hz 后，卷起的大尺度涡的平均波长变为 12.80mm，卷起的展向涡的个数进一步增加，上下两层的流质更多地被卷入，有利于促进掺混。

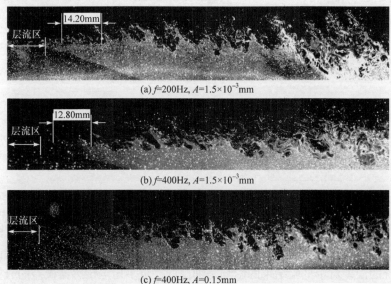

(a) f=200Hz, A=1.5×10⁻³mm

(b) f=400Hz, A=1.5×10⁻³mm

(c) f=400Hz, A=0.15mm

图 6-7　低频振动下流场结构特性分析

为了对比振动频率相同时，改变振幅对流场发展演化特性的影响，在本次研究中，选取频率为 400Hz，振幅分别为 1.5×10^{-3}mm 和 0.15mm 的条件来进行分析。流场结构如图 6-7(b)和图 6-7(c)所示。其中图 6-7(b)中振幅为 1.5×10^{-3}mm，而图 6-7(c)中振幅为 0.15mm。从图 6-7 中可以看出，提高强迫振动振幅，大尺度涡卷起的位置和涡的波长并没有发生显著变化，即振幅的增加并没有导致流场中涡结构的尺度发生明显的变化。但与图 6-7(b)相比，提高振幅后混合层中大尺度结构分布的规律性进一步减弱，这对于加速大尺度涡破碎成小尺度涡，促进混合有一定的作用。对于这样的研究结果，可以作如下两个猜测：①对于通过施加强制波来对混合层流场中涡结构进行调控，只要强制波的幅值超过某一最小值(外加的能量超过某一最小值)，外加强制波就可以对流场结构的发展和演化产生调控作用，这也与前人研究的结论相符合；②在外加强迫振动来进行流动控制的研究中，起主导作用的是强迫振动的频率，即强制波对涡的作用主要是波的频率在起作用，而振幅的作用则相对较小。

图 6-8 为对薄平板施加高频振动后流场流向结构的 NPLS 图像。图 6-8(a)和图 6-8(b)分别对应于频率为 2000Hz 和 4000Hz，振幅均为 1.5×10^{-3}mm。在图 6-8(a)中，高频振动下，混合层失稳位置进一步提前。此外，由于高频振动进一步增强了超声速混合层的三维特性，大尺度涡的结构十分破碎，其分布的规律性明显减弱。同样，在施加频率为 4000Hz 的振动后，从图 6-8(b)中可以看出，K-H 波的不稳定性大大增加，其在发展的过程中导致大尺度涡的迅速卷起，形成向下游发展的大尺度涡结构。此外，相比于无振动，卷起的大尺度涡的波长明显增长，可以测得其波长为 16.8mm。

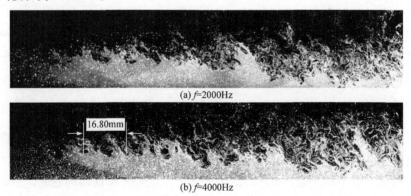

(a) f=2000Hz

(b) f=4000Hz

图 6-8　高频振动下流场流向结构的 NPLS 图像

由以上的分析可以给出如下两点结论。

(1) 采用喷管后缘悬臂结构的薄平板振动方式来诱导混合增强这一主动增强技术，能够有效地诱导出流场的大尺度涡结构，并且增强卷起展向涡的卷吸作用，有效地促进上下两层流动的掺混。

(2) 对于不同振动条件下流场演化特性的研究表明，相比于改变强迫振动的频率给流场演化和掺混特性带来的影响，振动幅值的改变并没有显著改变流场结构向下游传播的特性。

2. 流向结构的时间演化特性

图 6-9(a)和图 6-9(b)是无振动条件下互相关时间内流场流向 NPLS 图像，跨帧时间为 5μs。需要指出的是，为了说明混合层下游不同流向位置处流场结构的演化特性，图 6-9 中的位置从左至右离薄平板的后缘越来越远。对比图 6-9(a)和图 6-9(b)，可以发现在 5μs 的时间间隔内，图 6-9(a)中不同流向位置处的流场结构分别向下游运动 2.82mm、2.86mm、2.92mm 和 2.91mm，对应的运动速度分别为 564m/s、572m/s、584m/s 和 582m/s，但整体上流场中涡结构的形状并没有发生大的变化，这说明：一方面，流动在向下游发展演化的过程中，流场结构具有快运动、慢变化的特点；另一方面，在流动向下游传播过程中，流场结构的运动速度有一定程度的增长。为了考察高频强迫振动下流场结构的时间演化特性，图 6-10 给出 f=4000Hz 下跨帧时间为 10μs 的流场结构的演化图像，需要说明的是，为了更好地说明流场结构的演化特性，图像采用伪彩色技术进行处理。可以发现，在不同流场下游位置处，混合层结构在跨帧时间内运动的距离分别为 5.88mm、5.92mm 和 5.95mm，对应的运动速度分别为 588m/s、592m/s 和 595m/s。同样地，可以发现高频强迫振动下超声速混合层的流场结构在向下游发展演化过程中仍然具有快运动、慢变化的特点；此外，流场结构在向下游发展过程中运动速度会有轻微增长的特性也没有因为高频振动的引入而发生改变。

此外，通过伪彩色图像也可以清楚地发现，由于压缩激波的影响，在激波前后纳米粒子的浓度发生显著的变化，即在图 6-10(a)中的①号区域气流的密度较低，而在②号区域气流的密度较高，这与无振动下气流密度的变化一致。

3. 振动诱导大尺度涡结构

已有的线性理论的分析表明：在混合层流动中，在一个频带范围内，特征模态的扰动在空间域或时间域内呈现指数规律的增长，而在非线性的作用下，这种增长不可能一直维持下去，当达到饱和状态时，会形成 K-H 涡的卷起，形成向下游传播的周期性拟序结构。对于具有工程应用背景的高效气气掺混，关注更多的是掺混效率和掺混特性。

Wang 等[16]的研究表明：混合层发展初期的层流区域内，速度的差异使得上下两层来流发生强烈的剪切作用，但是这种剪切作用对于混合层掺混效率的提高并没有太大的作用，而流动发生失稳后，形成的涡结构的卷吸作用对气流的掺混影响较大。因此，对于混合层流动，利用流动控制技术来缩短层流段，尽快完成展向涡的卷起对提高流动的掺混有很显著的效果。

不失一般性，图 6-11 统计不同振动频率条件下层流段的长度分布γ。可以发现：一旦向流场中引入强迫振动，混合层的层流段会明显缩短，而在高频振动(f=4000Hz)条件下，层流段的长度缩短约为 7.8mm。展向涡卷起位置的提前对于促进流场中标量的混合有重要作用。

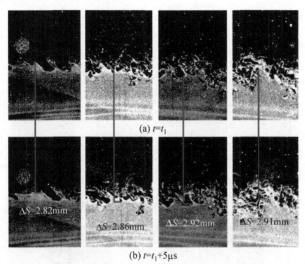

图 6-9　无振动条件下互相关时间内流场流向 NPLS 图像(Δt=5μs)

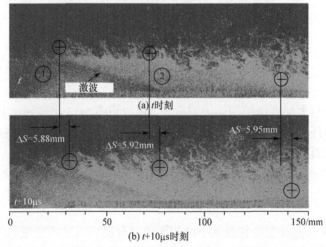

图 6-10　f=4000Hz 下互相关时间内流场结构的演化图像(Δt=10μs)

4. 波涡作用机制初探

值得注意的是，在高频振动下，由于大尺度涡卷起的位置提前，并且其尺度变大，大尺度涡和激波会发生相互作用，如图 6-12 虚线方框内所示。大尺度涡诱导的速度场导致斜激波靠近大尺度涡处变为曲线激波，其形状和大尺度涡边缘形状相似。同时，斜激波对大尺度涡的作用使得其诱导速度场的非定常和非线性特征进一步增强，从而加剧大尺度涡向下游发展过程中的破碎程度[17]。

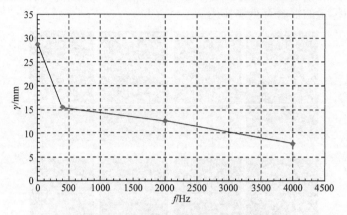

图 6-11　不同振动频率条件下层流段的长度分布

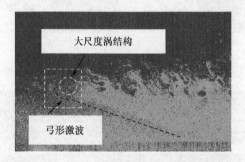

图 6-12　大尺度涡和激波发生相互作用

　　对于激波与大尺度涡结构作用的机理，可以用图 6-13 来解释。由于本次研究所设计的试验件的后缘相对于中间段较厚，这就造成气流在后缘处被压缩，压缩的气流诱导出斜激波。另外，高频振动导致展向涡卷起的位置提前，展向涡结的边缘与斜激波相互作用，从而使得斜激波在靠近展向涡的部分演化为曲线激波。

5. 流场展向结构分布特性

　　图 6-14 为无振动和高频振动下的超声速混合层展向结构全流场图像，流动从右向左发展，图中的白色区域对应于高速流动部分，黑色区域对应于低速流动部分。在混合层的初始阶段，两种振动条件下流场展向结构的区别不是很大，即在流动转捩之前的区域，强迫振动的作用并没有显著改变展向结构的流动特性。随着流动向下游的传播，无振动下展向结构的脉动趋势增加，结构的无序性增强，

表现为流场中结构的三维特性显著增加；而在高频振动下展向结构的脉动得到一些抑制，结构在运动过程中呈现出条带状的结构，即高速流和低速流相交替的状态，并且结构的运动更加有序。

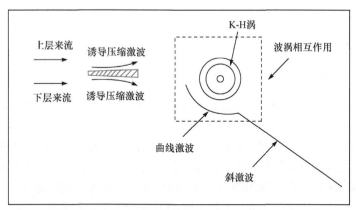

图 6-13　激波与大尺度涡结构作用的机理

此外，从图 6-14 中还可以看出，振动频率为 4000Hz 时，流动的展向条带状结构沿流向传播时运动的路线会出现向一侧偏移的现象，如图 6-14 中虚线所示。这表明：尽管在给定振动频率为 4000Hz 时，强迫激励会对展向结构的发展演化起到一定的调控作用，但是流向结构在发展演化过程中，由二次失稳导致的流场三维特性仍然十分强烈。

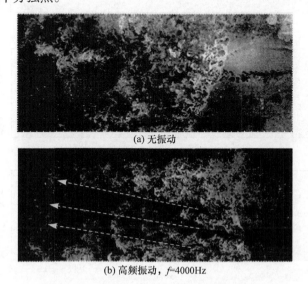

(a) 无振动

(b) 高频振动，f=4000Hz

图 6-14　超声速混合层展向结构全流场图像

对于高频强迫振动显著增加展向结构相关性的特性，可以进行如下解释：由

于混合层流动中固有 K-H 不稳定性的存在，为采用振动技术实现对流动的控制
提供了可能性。高频强迫振动的引入有效地增强了扰动波的基频以及亚谐波成
分的相关性，对于混合层展向结构的脉动能够实现有效地抑制，从而增强结构的
二元特性。

6.2.3　强迫振动对掺混特性的影响

1. 不同振动条件下速度场分布

图 6-15 为不同振动条件下混合层的横向速度分布云图。图 6-15(a)~(c)分别对
应于无振动、f=400Hz 以及 f=4000Hz 的工况条件。流动均从左向右发展，图像的左
侧对应于流动下游 40mm 处。从图 6-15 可以看出，不同振动条件下的横向速度长
分布均能够较好地反映流场中大尺度涡结构，且上层流动向下游翻转的速度和下层
来流向上游翻转的速度呈现周期性、交替性的分布。此外，无振动下，下层来流向
上游翻转的最大速度为 35m/s，上层来流向下游翻转的最大速度为 15m/s；在振动
频率为 400Hz 时，下层来流向上游翻转的最大速度为 40m/s，上层来流向下游翻转
的最大速度为 20m/s；在振动频率为 4000Hz 时，下层来流向上游翻转的最大速度

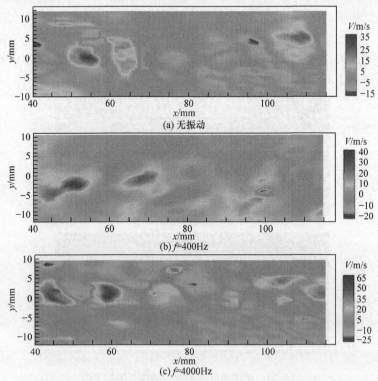

图 6-15　不同振动条件下混合层的横向速度分布云图

为 65m/s，上层来流向下游翻转的最大速度为 25m/s。这表明：强迫振动下，超声速混合层横向速度的分布发生了显著变化，尤其在高频振动条件下，上下两层流动相互翻转的速率更快，混合更加充分。实际上，第 5 章的分析已经指出，强迫振动诱导混合增强的机理在于促使流场中产生大尺度的涡结构，增加上下两层流动的接触面积与接触速度，这一结论与强迫振动下横向速度分布的变化相一致。

2. 动量厚度

图 6-16 是不同振动条件下流场的动量厚度沿流向分布情况。可以看出，随着强迫振动频率的提高，混合层的动量厚度增大，这加剧了混合层中动量和能量的输运，对于促进上下两层流动的掺混、提高混合效率有重要作用。

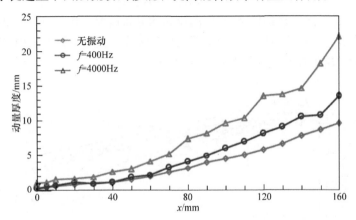

图 6-16　不同振动条件下流场的动量厚度沿流向分布情况

此外，在大尺度涡卷起之前，混合层的动量厚度增长率较小，而在涡卷起形成向下游运动的周期性结构之后，动量厚度的增长率加快。这一现象并没有因为强迫振动频率的改变而发生变化，其原因在于大尺度涡卷起带来的无黏扩散对促进动量厚度的增长起主导作用。之前的分析也表明，在振动频率为 4000Hz 时，卷起的展向涡的尺度明显增大，且动量厚度增长率明显提高。因此，通过施加高频激励来激发混合层中的大尺度涡结构，这对于促进动量厚度的增长、提高掺混效率有重要作用。

3. 标量混合度

为了进一步评估上下两层流动的掺混情况，采用标量混合度 W 来衡量上下两层气体的掺混程度。W 定义为

$$W = \frac{1}{s}\int_s \frac{(x_{a1}-x_a)(x_a+x_{a1}-1)}{x_a(1-x_a)}\mathrm{d}s \tag{6-1}$$

$$x_a = \frac{\rho_1 U_1 / M_{ra1}}{\rho_1 U_1 / M_{ra1} + \rho_2 U_2 / M_{ra2}} \qquad (6\text{-}2)$$

式中，s 是流向各截面处的面积，上下两层来流分别标记为 1 和 2；x_{a1} 和 x_a 分别是上层气体的摩尔质量分数和上下两层气体完全混合后的摩尔质量分数；ρ，U 和 M_{ra} 分别是来流在入口处的密度、速度和气体相对分子质量。

由于本次研究中上下两层来流均为空气，具有相同的气体分子质量，则

$$M_{ra1} = M_{ra2} \qquad (6\text{-}3)$$

因此有

$$x_a = \frac{\rho_1 U_1}{\rho_1 U_1 + \rho_2 U_2} \qquad (6\text{-}4)$$

图 6-17 是不同振动条件下 W 值沿流向的分布情况。W 为 1 时，说明上下两层气体还未混合；W 为 0 时，说明上下两层气体完全混合。所以采用 W 值来评估混合效率时，W 值越小说明标量混合越充分。

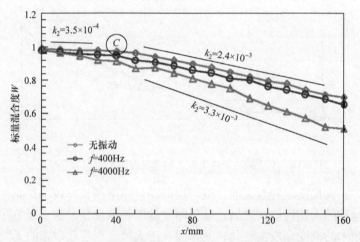

图 6-17　不同振动条件下标量混合度沿流向的分布情况

比较不同振动频率下 W 值沿流向的变化情况可以发现，强迫振动下，振动频率越高，W 值下降的速率越快。线性拟合可知，振动频率为 4000Hz 时，W 值下降速率达到 3.3×10^{-3}，说明上下来流混合得更加充分。此外，通过分析混合层发展和演化过程中 W 值的变化趋势，可以发现在 K-H 不稳定导致的大尺度涡卷起之前，W 值的下降速率较慢，对应的来流混合程度较低，这表明超声速混合层形成初期，上下两层来流速度差造成的强烈剪切作用并不是加剧上下两层标量混合的主要因素。

图 6-17 中 C 点处是无振动条件下 W 值变化快慢的分界点。通过线性拟合可知，C 点之前，W 值的下降速率为 3.5×10^{-4}，而 C 点之后 W 值的下降速率为

$2.4×10^{-3}$。实际上，流动在向下游发展演化过程中，影响标量混合程度的主要因素是流场中拟序涡结构卷起的位置以及涡的尺度，而在混合层初始阶段(层流区域)中速度的强烈的剪切作用对标量混合指标的影响效果较小。

因此，强迫振动下 K-H 不稳定性作用下卷起的大尺度涡位置的提前以及涡结构尺度的增长有利于超声速混合层中标量混合得更加充分，从而有效地提高了掺混效率。

6.3　入口激励主动混合增强

针对混合层主动混合增强研究，Ho 等[18]首先在低速混合层中采用加入人工扰动的方式分析了流场中涡结构的演化方式及混合层增长情况。其研究结果表明，在流场中加入人工扰动可以诱导混合增强。随后 McLaughlin 等[4]在超声速混合层中引入了电火花激励，通过电火花在流动入口处产生高频温度扰动，激发出流场中的大尺度涡结构，从而实现了超声速条件下混合层的流动控制和混合增强，但是受到试验条件的限制，其研究结果并没有观察到人工激励下流场精细结构以及结构生长方式。郭广明等[19]基于气动光学研究背景，采用大尺度涡模拟方法研究了脉冲激励下超声速混合层的演化机理，其研究基于涡核位置提取方法，对超声速混合层中涡结构的空间尺寸和对流速度的特性进行了定量分析。Freeman 等[20]采用等离子体激励器对混合层的涡结构演化特性进行了试验研究，结果表明，选择恰当的激励频率可以有效抑制涡结构的生长且使涡结构更加规则。在周期性激励促进流动掺混方面，Yu 等[21]的研究表明，入口人工扰动下可压缩混合层的增长率可以提高 2~3 倍，而冯军红[22]采用大尺度涡模拟方法研究表明，入口激励下混合层的发展呈现出先加速增长、后抑制增长的过程。由此可见，虽然国内外学者在实现混合增强时采用的人工激励方式有差别，但其本质上都是通过人工激励来调控流场中拟序结构的发展。在周期性的人工激励下，涡结构必然会呈现出某些特有的规律，进而影响流场的发展和演化方式。然而，目前的研究更多的是对人工激励下超声速混合层涡结构进行可视化分析，相关的定量分析如结构空间尺寸、结构角分布等还缺乏深入的研究，同时对人工激励下涡结构特有的生长机理也缺乏足够的认识。此外，对比 Yu 等[21]和冯军红[22]的研究可以发现，在入口激励影响混合层掺混方面，前人的研究对于混合层增长率的变化也尚未达成共识。

基于此，本节采用入口周期性激励的方式对超声速混合层添加人工扰动，采用直接数值模拟方法对流场进行可视化分析，借助涡量厚度指标、空间相关性分析等研究手段对入口激励下混合层的掺混特性和拟序结构的空间尺寸、结构角分布进行定量研究。通过分析不同入口激励频率下流场中涡结构的动态特性，获得涡结构特性和入口激励参数之间的定量关系，揭示入口激励下超声速混合层涡结构的演化机理和独特增长特性。

6.3.1　计算模型和激励方式

计算采用的混合层模型示意图如图 6-18 所示，计算域流向长度 L=600mm，横向半高 H=100mm，网格在混合层中心区的分布具有与 Kolmogolov 尺度相比的量级，入口给定来流条件和激励分布，上下两侧和右侧给定出口边界条件。本次数值计算来流参数如表 6-2 所示。

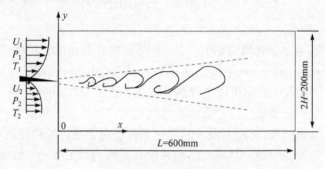

图 6-18　混合层模型示意图

表 6-2　数值计算来流参数

入口来流	速度/(m/s)	马赫数 Ma	密度/(kg/m³)	压力/(kPa)	温度/K	对流马赫数 Mc
上层来流(S_1)	473	2.15	0.983	34	120	0.4
下层来流(S_2)	284	1.12	0.737	34	160	

本次研究采用连续激励的方式模拟对超声速混合层流场的周期性扰动。采用的激励函数如下。

$$f'_{(y,t)} = A \cdot C \cdot G(y) \sin(2\pi f t + \varphi) \tag{6-5}$$

式中，A 是入口激励幅值；f 是激励频率；φ 是位于[$-\pi$，π]的随机相位；$G(y)$ 是 y 方向服从 $y \sim N(0.06, 0.005^2)$ 的正态分布函数，作用是控制入口激励的影响区域；C 是常数，其取值依赖 $G(y)$ 的参数。此处 $G(y)$ 表达式如下。

$$G(y) = \frac{1}{0.005 \times \sqrt{2\pi}} e^{-\frac{(y-0.1)^2}{2 \times 0.005^2}} \tag{6-6}$$

本书中 C 取值为 $0.005 \times \sqrt{2\pi}$。图 6-19 为连续信号时序分布，施加激励的周期 T 分别为 50μs 和 200μs，分别对应于频率 f 为 20kHz 和 5kHz。

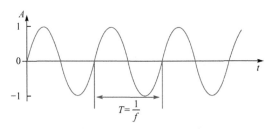

图 6-19　连续信号时序分布

6.3.2　流场可视化分析

为了和入流激励下剪切层的生长特性进行对比分析，本书首先研究可压缩自由剪切层流场结构的演化特性。图 6-20 定性展示自由剪切层中 K-H 涡结构分布。流场区域采用横向半高 H 进行无量纲化，涡量值采用来流对流速度 U_c 和入口动量厚度 $\delta_{(0)}$ 进行无量纲化。由于剪切层涡量具有极大值，速度分布具有拐点，所以剪切层流动对于 K-H 不稳定波的扰动是无黏不稳定的。当流场中最不稳定模态幅值达到最大值时，即在流场下游 x/H=0.3 处，K-H 涡结构完成卷起。同时，K-H 涡结构的生长是通过配对合并的方式来进行的。在时间间隔为 200μs 内，流场中的涡结构 P 和 Q 运动到 P' 和 Q' 的位置，并且完成配对与合并，这种对并的方式是自由剪切层中 K-H 涡结构的生长机理，主导了剪切层的发展。学者 Olsen[23]以及 Zhang[24]也证实了这一生长机理的存在。此外，图 6-20 也定性地反映自由剪切层是通过近似线性增长的方式来实现上下两层流体的掺混的。

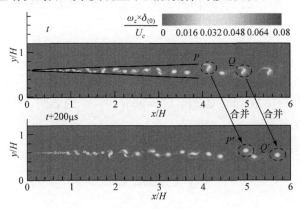

图 6-20　自由剪切层中 K-H 涡结构分布

图 6-21 为高频入流激励(f=20kHz)下剪切层涡结构的分布，上下两幅图的时间间隔为 20μs。在高频激励下，剪切层在下游 x/H=0.4 处完成涡结构的卷起，并且涡结构的尺寸很快达到饱和，在流场向下游演化过程中，涡结构始终保持饱和状态，这种流动现象的出现说明流场中涡结构与入口扰动波发生共振，这一现象

最早由 Ho[18]在不可压低速剪切层流动中发现，此处在可压缩剪切层中也发生这一共振效应。此外，在时间间隔为 20μs 范围内，涡结构并没有出现自由剪切层中通过对并来生长的现象，而是自第一个涡结构卷起后，即维持其饱和尺寸状态往下游发展。

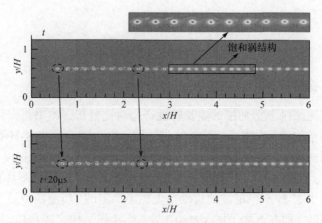

图 6-21　高频入流激励下剪切层涡结构的分布(*f*=20kHz)

由于涡结构的尺寸在整个流场中保持一致，有必要对其进行分析，探究涡尺度与入流激励之间是否存在定量关系。由于涡核处压力存在极小值，只要获得流场中的压力分布即可得到流场的涡结构尺寸。这里定义涡结构尺寸为两个相邻涡核之间的距离 λ。图 6-22 为 *n*=10 个涡核区域范围内的压力分布，涡结构尺寸可以用式(6-7)获得。

$$\lambda = X_p \times H / (n-1) \tag{6-7}$$

式中，X_p 是 10 个涡核之间的无量纲距离，X_p=1.706，通过计算可得基于流场可视化得到的涡尺寸 λ=18.96mm。此外，Ghoniem 等[25]研究表明，剪切层流场内的特征涡尺度 λ_v 可以表达为

$$\lambda_v = U_c / f_v \tag{6-8}$$

$$u_c = \frac{a_2 u_1 + a_1 u_2}{a_1 + a_2} \tag{6-9}$$

式中，U_c 是剪切层的对流速度；a_1 和 a_2 分别是上下两层的当地声速，其值可通过声速关系式求得；f_v 是流动的某种特征频率，这里取 f_v 是入流激励频率，f_v=20kHz。通过计算可得特征涡尺度 λ_v 为 19.25mm，可以发现基于入流激励频率计算得到的涡尺度 λ_v 与 λ 相差在 2%范围之内，因此研究结果表明，均匀分布的涡结构的尺寸近似等于对流速度与入流激励频率之比。

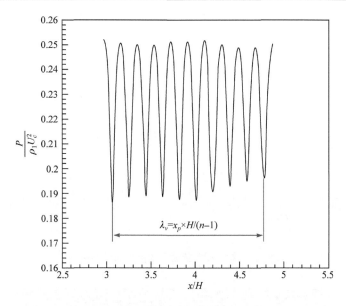

图 6-22　流场涡核之间的压力分布

　　为了进一步验证此结论的正确性,采用快速傅里叶变换(fast Fourier transform, FFT)提取剪切层流场下游 x/H=1 和 x/H=4 处的频谱分布,如图 6-23 所示。与自由剪切层中存在各种谐波扰动不同,高频激励下剪切层的流场特征频率锁定在 20kHz,这正是入流激励施加的频率。在 x/H=1 处,流场中仍然存在少许呈规律分布的高频扰动波,如图 6-23(a)中虚线框中所示。随着流场向下游发展,在 x/H=4 处,这种高频成分已经完全消失。其原因在于,入流高频激励在和剪切层固有的 K-H 不稳定波相互作用过程中占据主导地位,使得 K-H 不稳定诱导的各种不稳定模态波在来流初始剪切处就开始被抑制。随着流动的发展,高频激励完全控制着涡结构的发展并实现锁频的作用。

　　为了进一步探究完善涡结构生长特性与不同入流激励条件之间的关系,有必要分析低频激励下涡结构的运动特性。图 6-24 展示 f=5kHz 时剪切层流场的可视化结果,图 6-24(a)和图 6-24 (b)时间间隔为 100μs。在 100μs 的时间间隔内,并没有出现自由剪切层中通过涡结构配对合并来实现剪切层增长的现象,而是出现一种新的涡结构生长方式:在流场下游 x/H<2 范围内,出现一串由 K-H 不稳定波诱导的涡结构剪切带,在 x/H=2 处,入流激励诱导的涡核开始出现,外围剪切带围绕着涡核旋转并逐渐被涡核吞噬(engulfment),实现剪切层涡结构的生长。这种吞噬的生长机制使得涡结构在剪切层近场处就能实现其尺寸的快速增长。吞噬过程完成后,涡结构达到饱和,在向下游演化过程中其尺度不再变化,剪切层的厚度近似呈现出先线性增长,后保持不变的特性。

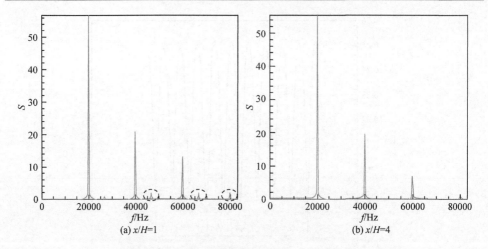

图 6-23 高频入流激励下频谱分布(f=20kHz)

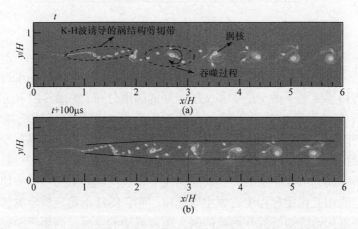

图 6-24 低频入流扰动下剪切层流场涡结构分布(f=5kHz)

图6-25提取低频激励下x/H=1和x/H=4处流场的速度振荡频谱分布。在x/H=1处，入流激励频率及其倍频成分的幅值都很大，基频5kHz并没有完全突显出来，在流场下游x/H=4处，入流激励实现了对流场涡结构的控制，涡结构运动的频率锁定在5kHz。此外，f=20kHz的高频激励下流动近场处(x/H=1)的高频扰动波成分较少，而f=5kHz时流动近场(x/H=1)处的高频扰动波成分显著增多，表明相比于低频激励，入流高频激励能够更快地实现对流场结构演化的主导和控制。

为了更好地揭示低频激励下中间涡核对于外围剪切带的吞噬作用，图6-26给出流场中涡结构的动态演化过程。t=0至t=Tω对应于一个完整的吞噬过程。在中间高速旋转的大尺度涡M的作用下，t=0时刻从剪切带脱落的K-H涡N进入大尺度涡M的作用区域，直至t=Tω被完全吞噬，从而实现了涡结构尺寸的增长。

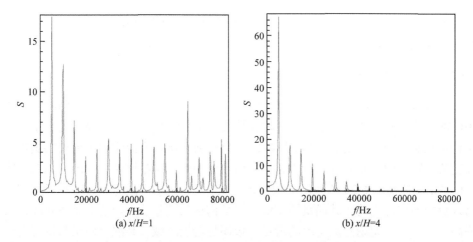

图 6-25　低频入流激励下频谱分布(f=5kHz)

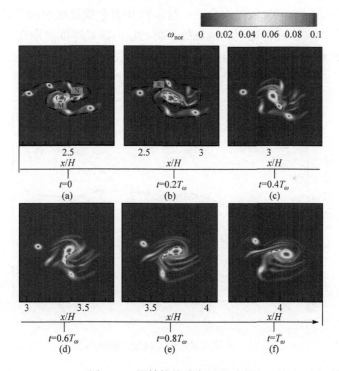

图 6-26　涡结构的动态吞噬过程

与自由剪切层中 K-H 涡结构通过配对合并实现增长不同，在整个吞噬过程中，涡 N 的形状逐渐变得狭长，而中间涡 M 的形状则保持得较好。这表明中间大尺度涡结构对于整个吞噬过程起主导作用。此外，另一个重要现象是中间大尺度涡可以同时吞噬外围剪切带的多个小尺度涡结构。在 t=0.2T_ω 时刻，涡结构 R 进入中间大尺度涡的影响区域,高速旋转的大尺度涡结构使得涡结构 N 和 R 在这个周期内均完成了吞噬过程。

6.3.3　K-H 涡增长特性

入流激励下 K-H 涡结构展现出独特的生长特性,而与流场中拟序结构密切相关的剪切层必然也会呈现出不同的增长特性,本书采用 K-H 涡量厚度指标研究涡结构生长对剪切层厚度的影响。图 6-27 为自由剪切层和入流激励下剪切层涡量厚度随流向距离的分布。可以看出,在自由剪切层中,涡量厚度呈现出近似线性增长的特点,这与图 6-20 体现出的趋势相一致。高频激励下(f=20kHz),剪切层在经历入流的剪切过程后,其涡量厚度值在涡结构达到饱和后,稳定在 3～4mm,表明高频扰动下,无论是剪切层的近场区域还是远场区域,其混合效果都没有得到改善。低频激励下(f=5kHz),在剪切层的近场区域,剪切层的厚度快速增长,涡核的吞噬作用明显促进了来流的混合。在图 6-27 中蓝色虚线框中的分界处,剪切层涡量厚度达到饱和。在剪切层的远场处,剪切层的涡量厚度稳定在 12～14mm,入流周期性低频激励下(f=5kHz)剪切层的演化呈现出先加速增长,后平稳过渡的特性。

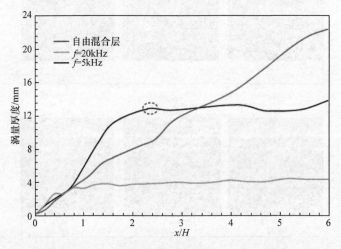

图 6-27　剪切层涡量厚度随流向距离的分布

6.3.4　空间相关性分析

为了对可压缩剪切层的涡结构大小、形状以及结构角进行定量分析,进一步明晰入流激励下涡结构的动力学特性,本书基于计算结果,采用空间两点相关性分析的方法,研究流向速度脉动在 x-y 平面的空间相关系数分布,采用的计算公式如下。

$$C_{uu}(x_0, \Delta x, y_0, \Delta y) = \frac{u'(x_0, y_0) \cdot u'(x_0 + \Delta x, y_0 + \Delta y)}{\sqrt{u'(x_0, y_0)^2} \cdot \sqrt{u'(x_0 + \Delta x, y_0 + \Delta y)^2}} \tag{6-10}$$

式中，(x_0, y_0)是相关性计算的参考点；u'是流向速度的脉动均方根值。Bourdon 等[26]对两点相关性分析参数的研究表明，当样本数为 500 左右时，能够确保统计结果的稳定性。

图 6-28 为自由剪切层取不同流向和竖向参考点$(x_0，y_0)$位置时的空间相关性分布，图 6-28(a)～(d)的参考点无量纲坐标分别为(1.5, 0.6)、(2.4, 0.6)、(3.5, 0.6)、(5.1, 0.6)。定义中心点的值为 1，等值线从中心点向外围以 0.05 的间隔递减，最外围等值线的数值为 0.8。

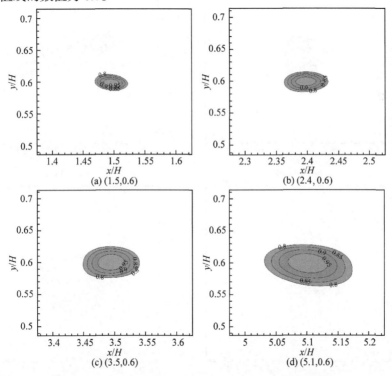

图 6-28　自由剪切层中不同流向位置处空间相关性分布

在自由剪切层相关系数的等值线分布图中，等值线的轮廓呈现出饱满的椭圆形。同时，随着流向距离的增加，流场相关区域的面积增加。Bourdon 等[26]通过试验发现，等值线代表拟序结构的平均结构，因此随着流场往下游发展，自由剪切层涡流场结构尺寸近似呈现出线性增长的趋势，这与图 6-27 中自由剪切层的涡量厚度沿流向的分布相一致。

为了进行对比分析，图 6-29 给出入流低频激励下(f=5kHz)不同参考点处的空间相关性分布，图 6-29(a)～(d)的参考点无量纲坐标分别为(2.0，0.6)、(2.7，0.6)、

(3.5，0.6)、(5.1，0.6)。与自由剪切层不同的是，在(2.0，0.6)和(5.1，0.6)处，流场
结构呈现出饱满的椭圆形，而在(2.7，0.6)和(3.5，0.6)处，流场结构则趋于狭长的
椭圆形。可以发现，在流向区域 x/H=2～4，中间大尺度涡结构通过吞噬一串外围
剪切带来实现涡结构的生长。与自由剪切层相比，在这种新的涡结构生长机制下，
相关性系数分布的椭圆结构特性和结构角有着本质的变化。对比图 6-29(a)和图 6-
29(d)发现，经过中间大尺度涡的吞噬作用后，涡结构的尺寸实现了增长，剪切层
的厚度实现了增加。

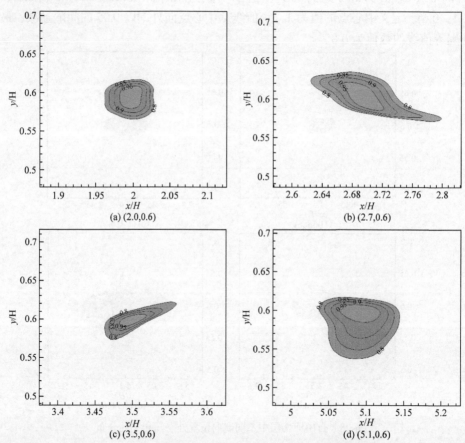

图 6-29　低频激励下不同流向位置处空间相关性分布

　　Wu[27]等的研究指出，可以采用最小二乘拟合的方法对相关性分布的外围等
值线进行椭圆拟合，从而获得涡结构的大小和结构角分布。本书对外围 0.8 等值
线进行椭圆拟合，如图 6-30 所示。得到的椭圆长轴 $2d$ 为相关性计算得到的拟序
结构大小，α 为结构角，α 定义为拟合后椭圆长轴与流向的夹角。

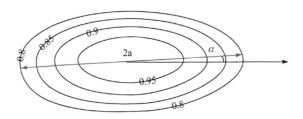

图 6-30　拟序结构的大小和结构角示意图

图 6-31 为通过椭圆拟合得到的自由剪切层和入流低频激励下(f=5kHz)剪切层在不同参考点处无量纲结构大小 δ_{non} 的分布，以自由剪切层在(1.5，0.6)处的结构尺寸为 1。可以发现自由剪切层中，由相关性分析得到的结构大小沿流向近似呈线性增长的趋势，这与图 6-27 得到的自由剪切层涡量厚度的变化趋势相一致。而低频激励下，流向下游无量纲位置 x/H=2 和 x/H=2.7 处结构尺寸的变化是先从 1.31 快速增长到 3.17 左右，然后在 x/H>2.7 时，流场结构的大小逐步减小，并在远场处维持在 2.0 左右。结合前面分析的低频激励下涡结构的生长机理不难发现，x/H=2.7 位置附近正是中间大尺度涡吞噬外围剪切带的区域，吞噬作用是导致涡结构尺寸快速增长的重要原因。

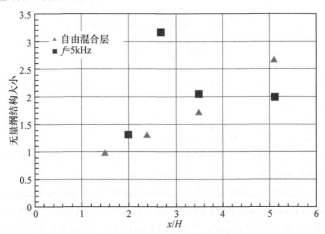

图 6-31　无量纲结构大小沿流向的分布

图 6-32 给出不同流向位置处自由剪切层和低频激励(f=5kHz)剪切层的结构角分布。自由剪切层中结构角沿流向的变化起伏较小，这是由于无外加扰动的自由剪切层完全依靠涡结构的配对与合并来实现剪切层的增长，这种近似线性的增长方式使得布置在剪切层核心发展区的参考点结构的旋转特性较为微弱。而低频激励下结构角呈现出不同的变化趋势。在近场 x/H=2 处，结构角较小；在下游 x/H=2.7 以及 x/H=3.5 处，流场结构表现出强烈的倾斜和旋转特性，结构角分别达到 157°

和 24°。结合图 6-29(b)和图 6-29(c)中相关性系数在(2.7，0.6)和(3.5，0.6)处的分布可以发现，在流场吞噬作用发生的区域，外围剪切带被中间大尺度涡吞噬使得流场结构的倾斜特征变得明显。同时，结构角的大小在 x/H=2.7、x/H=3.5 以及 x/H=5.1 的变化趋势表明，中间大涡对外围剪切带的顺时针吞噬作用是入流低频激励下剪切层实现增长的重要机理。

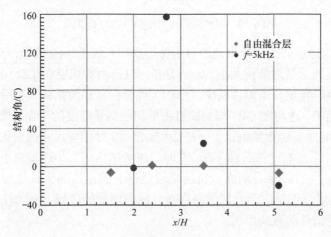

图 6-32 结构角沿流向的分布

参 考 文 献

[1] Urban W, Watanabe S, Mungal M. Velocity field of the planar shear layer compressibility effects[C].Virginia: AIAA, 1998.

[2] Doty M J, McLaughlin D K. Experiments on mach-wave interactions in a compressible shear layer[J]. AIAA Journal, 2000, 38(10): 1871-1878.

[3] Doty M J, McLaughlin D K. Experiments on mach wave interactions in a compressible shear layer[J]. AIAA Journal, 2000, 38(10): 1871-1878.

[4] McLaughlin D K, Martens S, Kinzie K W. An experimental investigation of large scale instabilities in a low Reynolds number two stream supersonic shear layer[C]. Virginia: AIAA, 1992.

[5] Martens S, Kinzie K W, McLaughilin D K. Structure of coherent instabilities in a planar shear layer[J]. AIAA Journal, 1996, 34(8): 1555-1561.

[6] Samimy M, Kearneyfischer M, Kim J H. High-speed and high-reynolds-number jet control using localized arc filament plasma actuators[J]. Journal of Propulsion and Power, 1971, 28(2): 269-280.

[7] Gaitonde D V, Samimy M. Coherent structures in plasma-actuator controlled supersonic jets: axisymmetric and mixed azimuthal modes[J]. Physics of Fluids, 2011, 23(9): 816-822.

[8] Gaitonde D. Simulation of supersonic nozzle flows with plasma-based control[C].Virginia: AIAA, 2009.

[9] Strykowski P J, Niccum D L. The stability of countercurrent mixing layers in circular jets[J]. Journal of Fluid Mechanics, 1991, 227(1): 309-343.

[10] Strykowski P J, Krothpali A, Wishart D. The enhancement of mixing in high-speed heated jets using a counter flowing nozzle[J]. AIAA Journal, 1993, 31(11):2033-2038.

[11] Ahmed K A, Ali M Y, Alvi F S. Mixing characteristics of active microjet-based actuators in a supersonic backward-facing step flow[J]. AIAA Journal, 2014, 52(12): 2855-2866.

[12] Martens S, Kinzie K W, Mclaughlin D K. Measurements of Kelvin-Helmholtz instabilities in a supersonic shear layer[J]. AIAA Journal, 1994, 32(8): 1633-1639.

[13] Zhang D D, Tan J G, Lv L. Investigation on flow and mixing characteristics of supersonic mixing layer induced by forced vibration of cantilever[J]. Acta Astronautica, 2015, 117: 440-449.

[14] 张冬冬, 谭建国, 吕良. 超声速混合层在强迫振动下流场结构的实验研究[J]. 推进技术, 2016, 37(4): 601-607.

[15] Fallah N, Ebrahimnejad M. Finite volume analysis of adaptive beams with piezoelectric sensor and actuators[J]. Applied Mathematical Modelling, 2014, 38(2): 722-737.

[16] Wang Q C, Wang Z G, Lei J. Characteristics of mixing enhanced by streamwise vortices in supersonic flow[J]. Applied Physics Letters, 2013, 103(14): 144102.

[17] 张冬冬, 谭建国, 吕良. 压力不匹配混合层中激波与流场结构的实验研究[J]. 弹箭与制导学报, 2016, 36(3): 65-68.

[18] Ho C M, Huang L S. Sub-harmonics and vortex merging in mixing layers[J]. Journal of Fluid Mechanics, 1982, 119(1): 443-473.

[19] 郭广明, 刘洪, 张斌. 混合层流场中涡结构对流速度的特性[J]. 物理学报, 2016, 65(7): 074702.

[20] Freeman A P, Catrakis H J. Direct reduction of aero-optical aberrations by large structure suppression control in turbulence[J]. AIAA Journal, 2008, 46(10): 2582-2590.

[21] Yu K H, Gutmark E J. Supersonic jet excitation using cavity-actuated forcing[C].Virginia: AIAA, 1994.

[22] 冯军红. 超声速混合层增长特性及混合增强机理研究[D].长沙: 国防科技大学, 2016.

[23] Olsen M G, Dutton J C. Planar velocity measurements in a weakly compressible mixing layer[J]. Journal of Fluid Mechanics, 2003, (486):51-77.

[24] Zhang D D, Tan J G, Yao X. Response characteristics of inflow-stimulated Kelvin-Helmholtz vortex in compressible shear layer[J]. Acta Physica Sinica, 2020, 69: 024701.

[25] Ghoniem A F, Ng K K. Numerical study of the dynamics of a forced shear layer[J]. Physics of Fluids, 1987, (30): 706-721.

[26] Bourdon C J, Dutton J C. Planar visualizations of large-scale turbulent structures in axisymmetric supersonic separated flows[J]. Physics of Fluids, 1999, (11): 201-213.

[27] Wu Y, Yi S H, He L. Quantitative analysis of flow structures in compression ramp based on flow visualization[J]. Acta Physica Sinica, 2015, (64): 014703.